继电保护系统
状态诊断及维修决策方法

Methods of
Condition Diagnosis and Maintenance Decision
for Protection System

熊小伏　著

内 容 提 要

继电保护系统是由继电保护本体装置、传感器、信号连接设备、通信系统、工作电源等多个设备、器件构成的整体，任一环节的失效均可能导致保护系统的失效或功能异常。提升继电保护系统的运维水平必须从完善继电保护系统在线状态诊断和基于运行统计的保护装置可靠性评估两个方面同时进行。本书根据作者多年在继电保护方向的理论研究、设备开发及运维技术研究等方面的工作积累，结合智能变电站技术发展趋势，对继电保护系统的状态诊断及维修决策方法进行了论述。

本书分为6章，主要介绍智能变电站继电保护状态诊断系统体系架构，智能变电站继电保护关键环节故障诊断，基于扰动激励响应的继电保护系统隐藏故障诊断方法，智能变电站环境下的继电保护系统失效重构方法，继电保护系统可靠性模型及维修决策方法，计及一次系统风险的继电保护状态维修策略。

本书可作为电力系统继电保护领域的工程技术人员和研究生的参考书。

图书在版编目(CIP)数据

继电保护系统状态诊断及维修决策方法/熊小伏著. —北京：中国电力出版社，2017.1
ISBN 978-7-5198-0353-7

Ⅰ.①继…　Ⅱ.①熊…　Ⅲ.①继电保护装置-检修　Ⅳ.①TM774

中国版本图书馆 CIP 数据核字(2017)第 032707 号

出版发行：中国电力出版社
地　　址：北京市东城区北京站西街 19 号(邮政编码 100005)
网　　址：http://www.cepp.sgcc.com.cn
责任编辑：雷　锦　牛梦洁 (010-63412530)
责任校对：太兴华
装帧设计：张　娟
责任印制：吴　迪

印　　刷：汇鑫印务有限公司
版　　次：2017 年 1 月第一版
印　　次：2017 年 1 月北京第一次印刷
开　　本：787 毫米×1092 毫米　16 开本
印　　张：11.75
字　　数：149 千字
定　　价：**47.00** 元

前　言

电力系统继电保护装置及其传感器、信号传输通道、工作电源等构成的二次系统是保障电力系统运行安全的重要装备。当电力一次系统出现异常运行、设备故障时，要依赖继电保护装置识别异常或故障，实现报警和故障元件隔离功能。当继电保护装置失效时，一次系统这些异常或故障后果可能被放大，导致设备损坏甚至电力系统瓦解。运行经验表明，世界上的电网大停电事故往往与继电保护装置的不正确动作行为有关。因此，如何保证继电保护装置或系统的完好性、使继电保护装置随时处于正确的工作状态，是电力系统设备运维领域必须攻克的关键技术之一。

随着继电保护装置的数字化、智能化、信息获取的广域化，继电保护装置识别故障的能力得到了很大提升，装置的可靠性水平和运行寿命指标也得到了相应提高。在继电保护装置的设计、制造过程中，还考虑了较为完善的装置自诊断功能，为继电保护设备运维提供了方便。微机继电保护装置从设计之初十分注重自身的可靠性，采取了多种措施避免因自身失效导致错误发送跳闸命令，保障了其安全运行。但遗憾的是，微机继电保护装置的设计对运维需求的考虑较少，继电保护装置具有黑箱特点，电力系统在设备入网检测中主要考查其保护功能、环境适应性等指标，在相关标准中也未就装置的运维要求做出完善的规定。

由于继电保护是一个由多个环节组成的系统，单个装置的完好并不能代表整体系统状态正常。例如继电保护装置作为一个信号处理设备，难以对输入信号的正确性做出判断，因此当传感器或信号输入回路出现故障时，保护装置可能会给出错误的输出。由此可见，要保障继电保护系统的正常工作，必须站在继电保护整体系统的角度来构建在线监视及相关运维技术体系。

电力系统继电保护系统的运行实践表明，继电保护系统硬件、软件或辅助系统可能存在缺陷，而在线监视和运维技术尚不完善，不能及时发现这些隐藏故障。这些隐藏故障在平时并不表现出来，而是在一次系统故障或扰动情况下才导致保护误动或拒动。由此引发的一次设备烧损、停电范围扩大的事故仍无法杜绝。

目前，继电保护设备的隐患排查、元器件更换还需要依赖定期巡视、定期试验来保障，因此需要耗费大量的人力物力，同时还需要停运一次设备后让保护装置处于离线状态来进行试验。在这种情况下，继电保护设备的定期检验周期就是一个关键的因素了。定检周期过长，继电保护的缺陷得不到及时发现和处置，一次系统的风险加大；定检周期过短，则造成一次系统停运次数增多，一次系统可靠性指标降低。同时，定检周期越短，人力物力资源的消耗越大，影响电网企业的运营效益。因此，如何确定最佳的定期检验周期是继电保护运维技术的另一重大需求。

由上可见，提升继电保护系统的运维水平必须从完善继电保护系统在线状态监视和基于运行统计的设备状态评估两个方面同时进行。在线状态监视目的在于发现继电保护系统内部存在的隐藏故障，而基于运行统计的设备状态评估则是为了获取保护装置或部件的状态指标从而确定维修时间。

智能变电站技术的发展，为完善继电保护系统的状态监测和智能运维提供了前所未有的机会。一方面智能变电站各设备之间的信息交互具有标准化的信息模型；另一方面，基于网络的信息传递方式为状态监测系统的信息获取提供了方便。实现智能变电站二次系统状态监测无需过多的设备投入和复杂的信号连接，更多的是构建信息处理方法。

作者有幸伴随我国改革开放的历程，参与了微机继电保护装置的研究与技术开发工作；2007 年以来又与电网公司一道开展了智能变电站二次系统状态诊断技术的研究，在多座智能变电站保护系统中开展了状态诊断工程实验，在理论和实践方面积累了一些体会。作者深刻认识到，尽管继电保护装置自身具有较强的信号处理能力，但装置的自检不能代替系统的监视；继电保护系统不仅要原理先进，还需要运维的智能。继电保护运维技术的完善与标准化将是继电保护技术体系中不可缺少的组成部分。

过去几年，学术界和电力行业也对继电保护系统特别是智能变电站二次系统的状态诊断给予了高度关注，促进了本领域理论与技术的快速发展；在智能变电站工程应用中，从网络报文分析装置到站域后备保护，无不反映了广大学者和工程技术专家对继电保护二次系统安全运行的重视和推广实用化措施的急迫。

为推动本方向的技术发展，受国家电网公司资助，在此将作者的一些思考和研究成果编写成此书供继电保护领域的工程技术人员、研究生等参考，力求为继电保护系统运维技术带来一些有益的启发，为提升电力系统的安全水平发挥作用。

本书以智能变电站继电保护系统状态诊断技术为重点，围绕继电保护系统隐藏故障诊断及状态评价方法进行介绍，结合智能变电站的体系架构、信息特点，论述智能变电站继电保护系统状态诊断的构建方法；从影响继电保护动作安全性的测量回路出发给出隐藏故障的诊断方法，由此可以看到，智能变电站的跨间隔信息应用可以获得意想不到的好处；电力系统扰动是对继电保护系统实战状态下的最好考验，基于站间信息可以在线分析保护装置的反应行为是否正确。为此，本书给出了检验扰动情况下保护系统动作行为的分析模型。

继电保护装置能否长期稳定运行直接关系到电力用户的安全与经济性。当获得多年的运维数据后，评价继电保护系统的可靠性必须建立在科学的数学模型上。本书给出了继电保护系统不同配置模式下的可靠性分析模型，可用于分析继电保护系统的可靠性指标。此外，继电保护系统的维修决策将直接关系到是否停运一次设备问题，直接影响到一次系统的风险水平。书中给出了综合考虑一次系统、二次系统协调及考虑不同外部因素（例如气象因素）下的维修决策模型，为更科学地建立二次系统的维修决策体系提供了参考。

本书绪论总结了国内外在电网故障诊断和继电保护安全运行保障方面的理论和技术方法，对各种方法进行评价，分析各种方法的适应性和局限性。

在此基础上，第1章从智能变电站的体系架构入手，比较传统变电站和智能变电站的区别，分析智能变电站继电保护的新特征。从智能变电站信息结构出发，提出通过获取SV网、GOOSE网、MMS网数据的智能变电站故障诊断系统结构。进一步阐明继电保护传感器环节、保护装置、命令出口环节故障诊断的数据流模式。对继电保护隐藏故障诊断所需数据的预处理技术进行了分析，给出了数据预处理的方法。

运行经验表明，继电保护系统中不同环节出现隐藏故障的概率不一样，且不同类型的隐藏故障所造成的后果的严重程度也不相同。第2章分析智能变电站继电保护各环节故障模式，对关键环节之一的保护电流测量回路的隐藏故障诊断方法进行深入研究，提出测量回路广义变比的概念，并基于变电站母线的电流约束，建立广义变比的状态矩阵，通过获取二次回路电流量测及求解广义变比状态矩阵，实现对连接在母线上的各间隔回路的保护电流测量值可信度的判断，由此监视保护电流测量回路的硬件及软件是否存在隐藏故障。智能变电站中的电子互感器是决定保护装置能否正确动作的另一关键环节。本书还针对电子互感器在保护系统中的重要作用，提出一种电子互感器的故障诊断方法，并给出算例，验证所提方法的有效性。

继电保护能否在电网故障时正确动作，其在电网扰动过程中的动态反应行为十分关键。但在已有的研究中，由于难于获取继电保护的动态数据而难以对这一过程中的保护行为进行科学的评判。此外，电力系统扰动引起的多个变电站保护启动及由此所产生的大量信息未能用于保护的隐藏故障分析。针对这一现状，第3章提出充分利用扰动激励下不同地域变电站继电保护所产生的广域大数据同步进行继电保护状态分析的思想，可以方便地发现各个保护在同一激励下的反应灵敏性、可靠性及保护之间的配合关系是存在隐藏故障。为了实现这一思想，必须解决大数据的精简问题并构建合适的指标体系。通过对继电保护状态区域的划分，分别构建表征故障启动、故障测量和故障反应时间的指标模型，提出从保护的可靠性、选择性、灵敏性和快速性要求出发建立的多个继电保护隐藏故障诊断与运行状态评估方法。所提方法能够直观反应继电保护系统的动态过程，反映单个保护及多个保护之间的测量和定值正确性，也为提升广域保护的可靠性提供了新的思路。

智能变电站的体系架构为继电保护的逻辑开放和硬件标准化提供了可能。在继电保护装置失效情况下，利用保护系统的硬件冗余，在线实现继电保护系统的功能重构，是作者提出的一个新概念。第4章分析电力系统对继电保护系统重构的潜在需求，提出继电保护系统失效重构的通用模型；提出继电保护系统重构的四个准则。再以广域保护通信系统失效为例，根据所提出的可靠性准则，论述广域通信网络失效重构的数学模型及求解过程，证明保护系统重构的可行性。

为了较准确地获得保护装置的定期检验周期，评价继电保护系统的长期工作性能，需要建立基于统计观察的继电保护装置可靠性模型。第5章介绍继电保护系统不同配置模式下的可靠性模型构建方法，即通过列写状态空间的方法建立其可靠性模型。继电保护装置在维修或试验时往往会失去对一次设备的保护作用，因此希望找到对一次系统造成影响最小的维修时刻。而电力一次系统运行实践表明，其在恶劣气象条件下更容易发生故障，个别地区因气象因素造成的输电线路故障比例高达70%以上。因此选择继电保护的维修时刻应避开一次设备的高风险时段，或在一次设备高风险来临之前完成保护设备的维修工作。

第 6 章有针对性地研究了考虑气象影响的继电保护维修决策方法。

作者的研究生陈飞、欧阳前方、刘晓放、夏莹、侯艾君、陈星田、曾星星、王建等参与了本方向的科研工作，为本书内容做出了辛勤努力和贡献；国家电网公司为本书的出版提供了资助，国家自然基金委、重庆市科委、重庆电力科学研究院等单位资助了本方向的研究，作者在此真诚感谢他们的支持和帮助！

由于作者水平所限，书中不当之处在所难免，欢迎读者给予批评指正。

熊小伏

二〇一六年十二月于重庆大学

目录

绪　　论

0.1　背　景

继电保护是电力系统安全运行的重要保障，要求能够在一次系统处于任何状态时都能够具有很好的适应性，在一次系统故障或异常时能够按预定的保护范围快速、可靠地切除故障或发出信号。继电保护系统由硬件装置、软件、数据通信装置、互感器、出口操作回路、工作电源等部分组成。继电保护装置是继电保护系统中的一个组成部分。继电保护系统要正确地发挥作用，必须保证各环节都处于正常工作状态。然而遗憾的是，到目前为止，继电保护系统尚不能做到百分之百的正确动作。

电力系统的重大安全事故原因分析表明，继电保护的拒动、误动仍是主要因素之一。继电保护的错误动作可能造成的大面积停电，给电力系统安全运行带来了巨大的挑战。多年来的继电保护运行实践表明，因继电保护系统的硬件（含所有回路）故障及缺陷、软件缺陷、整定错误等导致的不正确动作事件时有发生。北美电力可靠性协会（NERC）在对1988～1996年电网重大事故的分析报告中指出，约70%的 $N-2$ 停运事件是由继电保护的误动造成[1]。

在造成继电保护错误动作的原因中，隐藏故障是主要原因之一。继电保护隐藏故障是潜伏在继电保护系统中的缺陷，会在一定条件触发下导致继电保护装置误动或者拒动，其直接后果是被保护元件错误断开或导致故障元件长时间不能从系统中隔离，从而使故障停电区域扩大。继电保护隐藏故障具有威胁性大、隐蔽性高等特点。

尽管制造企业已在产品的硬件质量和硬件自检技术上开展了长期不懈的努力，使继电保护装置本体可靠性得到了很大提高；然而，在软件缺陷识别、装置外部回路缺陷监视等方面仍研究不足，可采用的技术手段有限。此外，继电保护装置的老化及其后果方面的研究还十分欠缺，继电保护运行过程中的状态仍不透明，导致运行检修决策较为困难。

目前，判断继电保护系统是否存在缺陷主要通过各种试验检测来进行，通过对继电保护及二次回路进行检验通常可发现和消除设备存在的缺陷，保证继电保护及二次回路的运行可靠性和动作的正确性。根据 DL/T 995—2006《继电保护及电网安全自动装置检验规程》的要求，我国继电保护装置的校验目前主要分为 3 类：①新安装装置的验收检验；②运行中装置的定期检验；③运行中装置的补充检验。

DL/T 995—2006 规定，继电保护及安全自动装置新投入运行的第一年内进行一次全部检验，以后每 3～5 年进行一次全部检验，每年进行一次部分检验。微机继电保护每 6 年进行一次全部检验，每 2～3 年进行一次部分检验。

传统的保护定期维修（计划维修）存在着很大的强制性和盲目性，单纯按固定的时间间隔对继电保护设备进行维修，不一定反映设备的实际情况。从某省级电网 220kV 系统某年继电保护异常情况统计[2]可以了解定期维修的实际效果，其数据见表 0-1。

表 0-1　　某电网 220kV 系统全年继电保护异常情况统计

缺陷设备	缺陷次数	所占缺陷比率	定期检验中发现缺陷次数	定期检验中消除缺陷比率
保护装置	17	16.51%	0	0%
操作箱/电压切换箱	1	0.97%	0	0%
二次回路	70	67.96%	7	10.00%
收发信机	13	12.62%	3	23.08%
通道设备	2	1.94%	1	50.00%
合计	103	100%	11	10.68%

截至分析年，该电网 220kV 系统继电保护及安全自动装置共 819 套，全年定检完成率为 100%，当年定检保护装置 819 套，保护异常次数共计 40 套次。其中，继电保护装置包括线路保护（含断路器控制单元）、母差保护、主变压器保护（含非电量和失灵启动装置）；二次回路包括电流、电压、控制回路。

从表 0-1 中的数据可以看到，定检中发现的缺陷占全年所有缺陷的 10.68%。继电保护装置（含操作箱）的缺陷所占的比率尽管不低，但是通过定期检验发现保护装置本身的缺陷率可能性却较低。

出现上述问题的原因是对继电保护装置的寿命周期掌握不准确，同时对继电保护系统存在的缺陷不能及时发现。

继电保护装置或系统的维修目的主要解决下述两类问题：

(1) 继电保护系统中存在的设计错误、接线错误、接触不良等隐性缺陷。

(2) 继电保护装置的硬件失效。

理想的方式是装设完善的状态监测装置，在线发现缺陷，并根据缺陷的严重程度采取相应的处置策略。

由于继电保护状态监测技术还处于发展完善过程，且状态监测装置自身也有一个可靠性和灵敏性的问题，状态监测装置也不能百分之百地保障继电保护系统的可靠性，因此仍需要定期对继电保护装置开展试验性监测。

对继电保护装置开展定期试验维修的方法则面临如何确定试验周期的问题，这就需要对继电保护装置的元件和寿命进行分析预测。当获得继电保护装置的寿命周期后，则可确定维修周期。

由于继电保护装置的维修通常需要停电试验，因此将影响一次系统的运行，并对电网的整体可靠性带来影响。如何降低继电保护装置维修对一次系统的影响，也是需要研究的问题。

传统的电气设备维修决策关注的重点只是设备本身，而忽略了继电保护装置维修对被保护设备及电力系统运行风险的影响。科学的电气设备维修决策应在电力系统一次、二次设备一体化风险分析基础之上进行。

由上可见，继电保护系统的运维技术还处于发展过程中，目前还不够完善。继电保护系统的运维技术应包括设备或系统的在线故障诊断、设备状态评价和设备维修决策 3 个方面的内容。

0.2 继电保护隐藏故障诊断与状态评价研究现状

0.2.1 现有故障诊断方法

故障诊断是电力系统及其他工业系统经常采用的一种安全保障措施，它能在不影响被诊断系统运行的前提下发现系统中存在的缺陷，给出故障位置、故障类型及引发故障的成因。

故障诊断系统通常由传感器及其信号分析处理设备构成。在通过传感器获得大量信号后，支撑信号分析的故障诊断方法可借鉴的有：

（1）专家系统法（ES）。专家系统法是一种人工智能算法，最早由美国斯坦福大学提出，20 世纪 80 年代中后期被应用于电力系统中。专家系统法通过模拟人类专家的决策过程，将决策过程转化为计算程序，通过采样信息，结合提前设置的专家系统的知识库对故障前后信息进行分析、推理，最后给出故障诊断结果。专家系统法在电力系统中的应用比较成熟，通过理论知识和故障特征来处理各种问题，善于解决一些难以运用数学模型进行描述的问题，通过经验性判定来缩小问题范围，提高推理的效率和速度。基于以上优点，专家系统法在变电站故障诊断中有广泛应用[3-6]。

故障诊断技术既可用于电力一次系统的故障诊断，也可用于电力二次系统的故障诊断。文献［4，5］提出利用面向对象技术的智能变电站故障诊断专家系统法，通过建立变电站的网络拓扑结构模型，直观表达变电站的故障过程，并运用专家系统法构建继电保护故障判断的表达式，诊断出变电站的故障位置。文献［6］开发了一种解释变电站故障并培训运行人员进行故障诊断的专家系统法，根据故障原理来区别保护的类型，利用不同的保护范围取交集推理出故障发生后继电保护的动作过程。

专家系统法的知识库更新和维护比较困难，且多用于定性问题的处理，对于要求准确判定继电保护系统中的故障，其不确定性特征还难于满足要求。

（2）人工神经网络（ANN）。人工神经网络也是20世纪80年代中后期迅速兴起的人工智能领域研究热点，是一种对人脑神经元网络进行抽象建立的模型。人工神经网络具有良好的适应性，鲁棒性高，学习训练的速度快且与运算规模大小无明显联系。上述优点使人工神经网络方法在电力系统故障诊断、负荷预测和安全评估等方面有广泛应用[7-12]。

与专家系统法相比，人工神经网络只需要通过对实例的学习来训练出神经网络，不需要建立完整的知识库。经过学习和训练后，神经网络获取的知识是一些网络结构式的权值，表征输入和结果之间的某种关系，但不能被表达出来。因此，基于人工神经网络的故障诊断的推理过程实际上是对输入参数的赋权，通过神经网络间的相互作用推理出诊断结果。

文献［8］利用人工神经网络和专家系统法相结合，提出变电站故障诊断及故障报警新方法，运用专家系统法的定性处理特性和人工神经网络的定量处理特性对故障警报进行分析，确定故障位置和故障情况。文献［9］以专家系统法的知识库中的故障特征作为样本来训练神经网络，并提出了继电保护元件的动作情况评估方法，通用性强，执行速度快，又兼具人工神经网络较好的容错性。文献［10］以经过故障特征训练的神经网络为内核，输入继电保护动作信息，同时运用专家系统法的推理判别能力，对故障诊断结果进行修正，得到较为可信的结果。文献［11］对输入信息缺乏和部分信息出错的故障诊断情形进行探索，建立容错性故障诊断的人工神经网络模型，可给出较为满意的故障诊断结果。

然而，人工神经网络的应用也存在一些问题。当被诊断系统结构发生变化时，神经网络的结构可能随之改变，需要通过对新样本的学习来训练神经网络适应变电站结构的变化[12]。人工神经网络本质上是输入和输出直接的权值关系，且不能够被结构化地描述出来，难以实现像专家系统法那样令人信服的逻辑推理和解释。人工神经网络还存在收敛速度慢、容错性差等缺点，这些问题都限制了它在变电站故障诊断中的应用和发展。

(3) Petri 网络。Petri 是一种离散事件动态系统的数学描述工具，由卡尔·亚当·佩特里（Carl Adam Petri）于 1962 年首次提出。Petri 网络运用库所、变迁和有向弧来描述系统状态的改变，可以用于研究某些系统的结构和动态过程，能够对系统发生的各种活动性事件进行定性和定量的分析。电力系统中的故障也是一个离散事件的动态系统，可以用 petri 网络来描述故障的离散动态过程。目前，Petri 网络在电力系统方面已有不少应用[13-17]。

文献［13］利用变电站故障的实时离散特性建立 Petri 网络模型，通过计算伴随矩阵来进行故障诊断。文献［14］通过赋权不同来刻画继电保护配置的优先等级，建立 Petri 网络故障诊断系统，通过单向矩阵的运算来实现变电站的故障诊断，为多级变电站的故障诊断提供新的思考。此外，也有将模糊理论与 Petri 网络相结合，利用模糊理论的容错性对继电保护和断路器信息不完整的变电站实施故障诊断[15-17]。

Petri 网络的状态空间与变电站系统的节点数量有关，如果节点数量太多，会使得 Petri 网络构建的故障状态诊断模型变得十分复杂，给故障信息的分析带来困难。另外，Petri 网络本身对输入信息的容错性较差，在信息不准确或不完整时，输入信息可能不被识别，故障诊断结果的可信度较差。

（4）其他方法。随着新原理和新技术在智能变电站中的应用，故障诊断的方法也越来越多，如粗糙集[18-20]、模糊集[21-23]、Agent[24-27]等方法。尽管这些方法各有缺陷，但对电力系统故障诊断的研究都起到了推动性作用。

上述方法多用于电力一次系统的故障诊断，较少用于继电保护系统的在线故障诊断。

0.2.2 变电站继电保护设备状态分析及评价

近年来的运行统计表明，继电保护装置的错误动作一般不是原理不正确，而是多由运行中整定错误或外部回路故障造成，由运行原因引起的误动所占比例较高[28]。因此，需要通过评价和诊断运行过程中继电保护设备子回路或子元件的状态来诊断继电保护可能存在的故障，从而确定检修周期。

0.2.2.1 继电保护系统状态

继电保护状态是指继电保护系统完成预定保护功能的能力。已有研究依据继电保护系统工作的特点，普遍从继电保护装置的硬件状态、软件运行状态、回路状态、系统功能状态等方面进行状态空间的确立和分析。

设备状态通常包括继电保护装置的硬件状态和软件运行状态。设备状态不仅与设计水平、制造工艺、软件版本、元器件质量有密切联系，也与运行环境和维护水平有很大关系。

设备状态最基本的区分方式可确定为投运、停运状态。早期的文献中将停运状态细分为 5 种：①计划检修停运；②随机停运；③误动停运；④拒动停运；⑤无选择停运[29]。其中无选择停运是指继电保护失去选择性的不正确跳闸情况，现在大多将其归为误动停运类别[30]。由于继电保护具有结构复杂、工作模式较多等特点，需要根据不同的分析目的进行状态划分。文献［31］通过“一类失效”和“二类失效”的概念，对一次系统自身原因的停运和二次系统引发的误动、拒动状态加以区分。从误动、拒动的原因入手，文献［32］通过研究误碰、运行维护不良等案例，划分出由于人为因素导致的误动状态。实际运行中，继电保护系统存在多重化配置，文献［32］讨论2套主保护，2套主保护及1套近后备保护，2套主保护及1套远、近后备保护情况下的停运状态划分方法；另外，考虑冗余配置之后，检修状态也可进一步分为带电检修与停电检修状态[33]。考虑到继电保护系统具有一定的自诊断能力，通过将设备失效状态划分为可自诊断失效状态与不可自诊断失效状态[34]，会使状态模型更接近实际。由于继电保护设备长期处于准备工作的状态，部件腐蚀老化等环境因素对设备状态的影响会从量变积累到质变，在设备正常动作和不正确动作状态之间确立过渡状态可能更为合理。文献［35］通过讨论断路器的动作结果将继电保护系统分为6种工作状态，其中设立含有隐藏故障的过渡状态，并且确定了过渡到误动状态的概率。将硬件有缺陷导致保护不正确动作的状况分为三类：①当故障发生时，设备本身的保护正确动作，相邻其他设备的保护由于硬件缺陷误动；②当故障发生时，该设备本身的保护由于硬件缺陷而拒动；③无故障时，附近发生扰动导致保护误动。这种状况的划分适用于不同隐藏故障模式的讨论，但由于涉及相邻保护装置的状态，元件的状态数过多会导致这种模型容易出现状态组合空间太多的问题，模型的建立和求解都十分困难。

在微机继电保护中，影响软件可靠性的因素有对客户需求分析定义不准确，软件结构设计失误，编码有误，考虑情况不全面，测试不规范，文档缺乏完整性等[36]。在软件缺陷当中较为突出的是软件配置管理问题，有部分继电保护不正确工作的事故是由于继电保护软件版本变更不当造成的。可见人为因素是研究软件运行状态的重要方面，在杜绝软件缺陷的措施上，应加强软件测试技术，保证软件程序、文档、数据的一致性、完整性。

继电保护系统的回路分为两部分，一部分是拥有自检能力的通信回路；另一部分则是缺少硬件自检，也难以监测状态的交流回路、直流回路及工作电源回路等二次回路。在继电保护系统技术发展中，通信回路对继电保护系统的正确动作越来越关键。文献［37］定义了通信网络失效模式，并按失效程度划分为单重失效和多重失效，利用路径选择模型，分析广域保护通信可靠性，最后提出保护信息传输路径自愈、重构的理念；文献［38］则进一步对数字化保护的通信系统冗余状态进行了分析，讨论了采用PRP、HSR协议的不同冗余网络的可靠性。

二次回路由许多继电器和连接设备的电缆组成，具有点多、分散的特点。其工作状态的确定是通过部分自检和人员巡检来完成的，缺少智能诊断设备和方法。一般而言，回路中因绝缘破坏导致的一点接地状态并不直接影响二次回路的正常运行，但若不能迅速定位并消除故障，发生多点接地故障，就很有可能引起继电保护误动作。文献［39］结合实际事故介绍二次回路多点接地的产生原因和危害，并针对电子式电流互感器建立了完善的FMEA表格和故障树，其中详细罗列了二次系统故障原因及后果，可以依据故障原因与后果的不同对状态进行合理划分。

微机保护系统由二次回路、保护装置、收发信机、操作箱继电器等环节组成；数字化变电站继电保护系统由同步时钟源、传输介质、互感器、合并单元、交换机、保护单元、智能终端、断路器等环节组成[40]。继电保护系统是通过装置间相互配合来完成工作的，系统功能状态是对上述各环节状态的综合反映。文献［41］在考虑隐藏故障的前提下对元件之间的相互影响进行适当解耦，将不同元件导致的误动状态归为一类状态，得到更为实用的状态模型。此外，考虑到继电保护装置自检[42]、在线监视功能[43]、冗余配置[44]、热备用[45]、保护闭锁[45]的影响，继电保护系统的功能存在多种可能状态。从系统可靠性建模来看，其组成会越来越复杂，状态数目会越来越多，研究更为完善的模型和智能分析工具，将会是解决这一问题的有效途径。

0.2.2.2 继电保护系统故障诊断方法

为了及时发现继电保护系统存在的风险，对继电保护系统中可能存在的隐藏故障进行诊断是期望采取的主要技术手段。弗吉尼亚理工大学 A. G. Phadke 教授最早提出了对继电保护隐藏故障进行监视和控制的设想[46]，即通过将保护设备的输入同时导入到隐藏故障监视系统中，利用逻辑模块将保护系统和监视系统的运行结果进行比对，以判断继电保护系统是否含有隐藏故障。文中还提出两点意见：①使用数字化保护设备将会令隐藏故障监视变得相对容易实现；②并没有必要对每一个继电保护设备进行监视，只需要监视风险度较大、危害后果较为严重的母线或线路上的继保设备。后来弗吉尼亚理工大学的多位学者对继电保护隐藏故障的监控方法继续开展较为深入的研究。文献［47］详细介绍隐藏故障监控系统的结构，由隐藏故障监视模块，隐藏故障控制模块和误动作追踪数据库 3 个主要功能模块组成。当监视模块监测到继电保护系统有不正常状态，会启动控制模块的 2 种保护机制：①隔离可疑装置；②改变跳闸逻辑，形成 2～3 个同类继电功能单元同时投票的跳闸机制。在此基础上，美国电力科学研究院、华盛顿大学、亚利桑那州立大学、爱荷华州立大学及弗吉尼亚理工大学利用多代理（Agent）技术共同研发出电力基础设施战略防护系统（SPID）[48,49]，具有监视保护装置隐藏故障，评价电力系统脆弱性，防止灾难性故障的能力。该系统在原有监控与数据采集（SCADA）的基础上，通过获取远端故障录波器（DFR）的数据，加强了诊断隐藏故障的可靠性。

近年来，基于继电保护信息系统的保护设备故障诊断技术发展较快。文献［50］将继电保护系统工作特性分类为静态特性与动态特性。前者是指保护装置在未满足启动条件时的工作特性，可用于检测继电保护系统测量回路、连接电缆、前置处理电路、采样值保持等环节的隐藏故障；后者则指测量信号满足保护启动条件，适用于检测整定值与动作原理的正确性。文章采用 WAMS 的测量信息对继电保护的静态特性进行监视。文献［51］则采用故障录波系统对继电保护系统动态特性进行监测。

从继电保护系统自愈性的角度出发，增加自检校验环节将是智能变电站保护系统的一大趋势。在线整定系统的提出让定值配合问题有了解决途径。在线整定一般采用以下步骤[52]：①建立定值空间；②实时匹配拓扑信息；③实时整定。其缺陷也是显而易见的，拓扑发生变化时为故障高发时期，而实时整定未完成期间，系统只能使用传统离线整定值，因此，需要提升实时整定速率，完善在线整定策略。

IEC 61850 规约在智能变电站的应用正逐步完善，IEDS 可以为诊断隐藏故障提供精确的实时数据，但仅限于互感器和继电器环节的诊断，缺少诊断断路器跳闸环节的能力[53]。文献［54］在线分析了断路器健康状态，通过触头电磨损量，分合闸线圈，操动机构等权重系数的求取，得到高压断路器的总体潜在故障率。针对可靠性较低的电子式互感器，文献［55］利用小波理论提取、比较信号突变时刻，以判断互感器是否处于异常状态。

总结以上在线诊断方法，就目前的技术水平来看，较为实用的做法是利用测量冗余对继电保护交流回路进行诊断，以及利用故障录波和保护装置内部信息进行保护系统的动作行为分析判断。

0.2.2.3 继电保护系统状态分析及评价

随着马尔科夫状态模型、故障树模型的普遍应用，许多学者建立了继电保护系统风险评价体系，定义继电保护系统误动率、拒动率、正确动作率、故障频率、可用度、失负荷风险等指标来反映继电保护系统的可靠水平。用于分析的基础数据包括各个功能模块及其构成系统的测试、运行、停运、检修状态的原始记录，其来源主要有 2 种途径：一是收集客观的历史统计数据；二是从主观先验概率角度出发，以历史统计数据为基本参考值，结合当前的运行环境和方式，给出当前数据可能取值的范围。由于研究问题的角度不同，很多时候需要解决历史数据不全的缺陷[56]。仿真方面，神经网络方法同样面临着学习样本不足的困境，而蒙特卡罗方法则突显出较强优势。

目前对继电保护系统的风险分析往往是为了电力系统的整体风险评价而进行的。在建立继电保护系统可靠性模型时，主要是沿用一次设备可靠性分析思想。应用较为广泛的仍是基于历史统计数据的风险评价方法。文献［57］提出的模型能够同时兼顾设备历史运行参数和设备健康状态对设备故障率的影响，文献［58］从先验概率角度出发，分 3 个步骤对故障率进行分析：①反映电网的网架结构，开关装置与电气元件之间的连接关系；②分析当前失效参数、运行参数；③分析相关场景的历史保护失效数据。文献［59，60］介绍了线路距离保护之间的影响，详细区分了隐藏故障模式，将隐藏故障风险区域的概念从每个单元延伸至以长度来度量的输电线路上，使结果更为直观。文章的不足之处在于数据处理时，将由隐藏故障引起的断路器误动率假设为常数，由于线路保护系统的差异，隐藏故障的发生概率实际上是一个变量。文献［61］说明了通过传统的抽样方法获取置信度较高的仿真结果，需要生成大量样本、很长的计算时间。采用重要性抽样方法很好地让小概率故障事件在样本中出现的更为频繁。该文除了考虑线路保护因隐藏故障而错误动作之外，还考虑了低压时误切母线或者发电机的情况，并通过直流潮流算法弥补牛拉法在三次迭代后不收敛的情况，最后利用抽样获得的误动率评估出线路的薄弱环节。

通过对比表 0-2 中的模型可以发现，因建模角度不同，指标涵盖的方面不同，仍缺少完整的状态评估模型研究；丰富历史数据来源对于状态评估模型的建立起着重要作用，历史数据不全使得许多情况下需要借助假设，这反映出了缺乏信息接口标准的现状。

表 0-2　　继电保护状态评价模型比较

文献	诊断方法	评估方法	采用指标	指标说明	数据来源
[40]	无	半马尔科夫过程	预防性检修频率	考虑多停运模式	信息管理系统统计
[40]	无	马尔科夫模型	正确动作率、拒动率、误动率	考虑装置自检、在线监视、配置冗余、保护误动的影响	文献假设、历史统计数据
[45]	从动态门向马尔科夫链转化的方法	动态故障树、马尔科夫模型	积累失效概率、保护可用度、部件概率重要度	考虑硬件、软件各个模块拒动和误动模式	历史统计数据
[62]	无	状态空间模型	经济损失量	考虑双重化保护	历史统计数据
[63]	无	马尔科夫模型	综合误动率	考虑人为失误	文献假设
[64]	无	马尔科夫模型	系统完好度	考虑设备可靠性、功能可靠性	厂商试验参数、经验统计
[65]	无	GO 法	系统成功概率	考虑至 N-3 失效模式	文献假设
[66]	利用概率方法进行隐患辨识	事件树模型	误动暴发概率	考虑设备隐藏故障	历史统计数据

0.2.3　智能变电站继电保护系统的安全运行技术

智能变电站是正在广泛采用的新一代变电站，其基于标准信息模型及网络化的结构，使信息获取及传输均变得十分容易。因此对于构建新的故障诊断技术十分有利，并且在准确定位故障位置和故障元件基础上，方便实现对故障元件的隔离及功能转移。

当通过隐藏故障诊断等措施发现可能造成拒动或误动后果的继电保护装置后，可采取出口隔离或功能重组操作，特别是在采用基于 IEC 61850 具有数据共享功能的智能变电站和具有广域保护配置的情况下，保护功能的重构成为了可能[67]。利用智能变电站信息共享的优势，文献［68］提出了提高智能变电站继电保护系统可靠性的 SBPU（Shared Back-up Protection Unit）（用于解决保护单元失效）和 SB（Software Back-up）（用于解决互感器失效）两种方案。其中采用共享后备单元的方式实现了任意保护装置失效的后备，以此为基础可构建新型“站域后备”保护。这种方式的优点在于无须添加硬件设备，仅通过软件功能的调用和信号传递方向的改变即可实现对失效保护装置的功能替换。

为此，一方面应在完善继电保护信息系统基础上研究反映继电保护状态的信息支撑体系，另一方面应加强继电保护整体系统的隐藏故障监视手段，为完整建立继电保护系统状态评价手段提供条件，才能在线客观反映继电保护系统的状态。

现有继电保护隐藏故障诊断及智能变电站继电保护系统的安全运行技术还不够成熟，存在以下问题：

（1）现有的研究对智能变电站继电保护隐藏故障诊断的方法和应用较少。

（2）现有对继电保护装置隐藏故障的监视多利用了稳态测量信息，未充分利用继电保护装置在一次系统扰动情况下的动态信息，也难以通过获取继电保护装置内部数据去分析和进行故障诊断。

（3）提升继电保护系统可靠性的传统方式主要依靠冗余配置和后备保护，更多强调了对拒动的防范，而对设备误动作没有良好的应对措施；且即使发现失效装置，也难以在线采取合适的补救措施，必须等待运检人员到现场后才能处置，造成变电站带故障缺陷运行，不能快速防范电网连锁跳闸和大面积停电风险。

根据上述分析，智能变电站运行安全技术的未来研究趋势是：

1）建立反映继电保护状态的指标集。指标的构建可以从两个方面着手：①不仅考虑是否动作，还应考虑继电保护离动作边界的远近；②不仅评估故障元件的继电保护是否正确动作，还应考虑非故障元件的继电保护系统的评价。基于全面性、准确性和可操作性的原则，提出能够反映继保系统运行状态和总体特性的状态特征量及其指标体系，满足在线状态评价的要求。

2）研究在线故障诊断技术。针对大量已经投运的变电站，由于其二次回路多用电缆连接，对故障易发点应加装监测传感器；针对即将投运的智能变电站，应开发包含二次系统故障监测模块的高级分析软件。

3）提出高效信息解析方法。由于设备制造厂家的技术壁垒与运行数据不规范，导致许多设备无法实现信息的共享，而基础数据不全的直接后果是破坏了状态评价的全面性。而站域保护、广域保护等技术的应用，对智能变电站数据处理方式有了更高的要求，应从成熟的通信技术入手，结合 IEC 61970 等相关国际标准，提出普遍适用的继电保护状态信息解析方法。

4）通过状态评价提出高效、经济的运行维护方案。例如，延长继电保护系统的巡检周期、降低二次系统巡检人力物力的消耗。需要提出可靠的继电保护失效重构方法，在发现保护装置失效的情况下，通过及时重构来保证系统功能的完整性。

随着通信及传感器技术的不断发展、新型保护原理的不断提出，信息来源也会随之增多，继保系统状态评价将给出对设备性能、系统功能优劣的评判。从而对提升继保设备制造技术，优化继电保护原理，完善继电保护运行技术提供新的技术支撑。

0.3　本书内容与章节安排

综前所述，继电保护的状态是指继电保护系统发挥其作用的能力的表征。简单来说就是继电保护任何时候能否满足可靠性、快速性、选择性、灵敏性的要求。作为已经投入运行的继电保护装置，其状态最为直接的表征是其可靠性水平。而其选择性、快速性、灵敏性则与继电保护装置的设计、整定相关。例如，在被保护元件故障时，继电保护装置在装置处于完好情况下能否按规定的时间动作切除故障与该保护装置的工作原理是否正确、整定值是否合理有密切关系。

继电保护系统状态诊断则是指通过各种手段去发现继电保护系统发挥其预定功能的能力及其变化的方法。继电保护装置的状态诊断通常可通过离线分析和在线监视两种手段来实现。对于继电保护装置原理是否正确、能否按预定设计完成切除故障任务，通常在继电保护装置投运前通过仿真和动模实验进行考查；继电保护装置投运后在遭遇实际故障冲击时，其反应行为则代表了继电保护装置的真实状态。尽管大量数字仿真与动模试验可以基本保证继电保护设计阶段的原理正确、软件正确，但在继电保护装置投入运行后，仍可能存在部分原理性缺陷、软件漏洞、整定错误及信号流向错误等，导致继电保护系统不能正确工作且不易被发现。此外，继电保护系统中的硬件在长期运行后，受环境等因素影响，将面临器件老化、接触不良等问题，可能出现功能失效。采用在线故障诊断是及时发现继电保护装置及回路失效的有效手段，可大大节省运维投入，延长巡检周期。

继电保护的维修是在对继电保护系统的状态进行诊断分析的基础上，寻找继电保护系统内部缺陷，发现继电保护装置出现缺陷的原因及其变化规律，采取停运、更换、修复等处置方法，以恢复继电保护功能的手段。

由于电力系统是由一次设备和继电保护设备组成的整体，继电保护系统的不同维修方式对保护系统自身的可靠性有直接的影响，并将进而直接影响电力一次系统的风险水平。因此一次系统、二次系统融合的维修决策将是电力系统继电保护维修决策的重要依据。

近年来，变电站技术正在朝基于网络的数字化变电站或智能变电站方向发展。继电保护系统从信息输入、信息利用、信息输出、信息交互等方面均与过去采用的微机继电保护装置有较大区别，其信息的透明及共享的便利为继电保护系统的状态诊断提供了很好的条件，在此基础上研究并实施新的维修技术已成为可能。

由前可见，为了确保继电保护装置和系统的可靠工作，必须同时采取在线状态监测和周期性试验检测两种技术手段。为此，本书从状态监测核心技术隐藏故障诊断和基于统计分析的继电保护装置可靠性评价与维修决策几个方面进行论述。

绪论介绍继电保护系统状态诊断与维修决策的背景及需求。

第1章介绍智能变电站继电保护系统隐藏故障诊断的体系架构及数据准备方式。结合智能变电站信息架构，对变电站采样网络（SV）、开关信号及保护控制信号（GOOSE）、站级信息处理网络（MMS）等报文进行深入分析。依据IEC 61850（DL/T 860）协议中的定义，将采样值报文、GOOSE报文的功能细化分解，在此基础上提出相应的数据预处理和故障诊断的数据流结构。

第2章介绍继电保护关键环节的隐藏故障诊断问题。以电流测量为例，介绍电流测量回路的隐藏故障诊断方法。首先从单站单装置的继电保护隐藏故障入手，通过研究智能变电站中测量回路的隐藏故障发生机理及系统功能失效过程，提出智能变电站关键环节的故障诊断方法。再从电子式互感器的故障特征进行分析，提出应对电子式互感器突变性故障的诊断方法。

第3章介绍如何进一步扩展隐藏故障的诊断方法，从单站信息到多站扰动信息利用出发，构建识别隐藏故障和保护状态的指标模型。研究的核心是如何在智能变电站大数据背景下对继电保护在线产生的数据进行挖掘。

第 4 章介绍在获得隐藏故障诊断结果的基础上，如何通过继电保护系统的重构恢复系统的整体功能的研究。提出继电保护重构的概念，以广域保护系统为例，构建广域保护系统通信路径失效时的重构方法；从智能变电站的结构特点出发介绍装置失效后的重构方案。

第 5 章针对继电保护装置周期性维修需求，建立继电保护装置的可靠性模型，并在建立可靠性模型的基础上，介绍继电保护系统不同状态之间转移可能性分析基础上进行继电保护系统的维修决策方法。

第 6 章介绍当确定继电保护装置需要进行维修时，如何考虑继电保护装置以外的因素以降低对一次系统的影响，从而选择合适的维修时机。

1 智能变电站继电保护状态诊断系统体系架构

1.1 引　言

近年来随着智能电网建设的深入推进，智能变电站技术日益成熟，智能变电站将取代综合自动化变电站成为电力系统新一代变电站系统。因此，智能变电站及其继电保护系统的可靠性将直接关系到电力系统的安全运行。

相较于传统变电站，智能变电站能够通过复杂的传感装置和强大的通信系统获得比综合自动化变电站更好的性能。智能变电站通过共享设备信息，实现运维策略和电力调度之间的互动，可以进行基于状态监测的全寿命周期综合优化管理，并可依据一体化平台对全网运行数据实现统一采集和管理；通过共享实时信息，方便电网的控制和调节，能够支持电网的安全稳定运行和各类高级应用[69]。智能变电站具有信息数字化、功能集成化、结构紧凑化、状态可视化的特征，能够为智能变电站继电保护故障诊断和安全运行提供丰富的数据支撑。

目前，我国智能变电站的工程化和实用化方面走在世界的前列，截至2014年底，我国共建成智能变电站2000余座，颁布智能变电站设计和建造的相关标准100余项。但智能变电站的故障诊断及运维智能化技术仍不够完善。已投入运行的智能变电站仍未能避免继电保护系统的故障。例如2013年10月26日，特高压天中直流输电工程中州站进行人工短路试验期间，河南电网500kV菊城智能变电站发生500kV主变压器差动保护、220kV母线差动保护、220kV部分线路差动保护不正确动作，直接导致菊城500kV 2号主变压器、220kV北母和220kV Ⅰ、Ⅱ菊杏线跳闸[70]。2014年10月19日，国家电网甘肃电力公司330kV永登变电站永武线单相接地短路故障，永武线两套保护闭锁，造成永登变电站全停，引起故障扩大[71]。

由此可见，智能变电站继电保护装置的误动和拒动，同样会造成连锁反应，扩大停电区域，造成难以估量的影响。智能变电站具有站内信息数字化、高度集成化的特点，为实现智能变电站继电保护隐藏故障诊断提供了丰富的数据支撑，使开展智能变电站继电保护隐藏故障诊断技术及方法的研究成为可能。因此，智能变电站更应利用其信息优势，加快继电保护系统故障诊断和智能运维技术的研究与应用。

智能变电站相对于传统变电站，信息获取方式和测量回路结构有很大不同。传统变电站的各个子系统都是孤立存在的，设备之间联系不充分。基于 IEC 61850 的智能变电站具有更好的信息共享、装置之间互动和协调运作能力；可通过开放、高速的通信网络实现全站数据的深度应用[72]。

鉴于上述要求，有必要研究基于智能变电站的继电保护系统故障诊断系统采用何种结构及与智能变电站之间如何进行数据交互。研究如何对数据进行分析或预处理，使故障诊断系统的数据来源可靠和可信，由此才能得到可信的故障诊断结果。

本章通过对比智能变电站和传统变电站结构，得到智能变电站继电保护的特征，再从单站继电保护故障诊断和广域多站的继电保护信息及数据特点入手，提出智能变电站继电保护故障诊断架构，并给出故障诊断数据源的预处理方法。

1.2　智能变电站体系架构及继电保护特征

1.2.1　智能变电站体系架构

基于 IEC 61850 的智能变电站保护控制系统逻辑结构如图 1-1 所示。从逻辑结构上可以分为过程层、间隔层和站控层的 3 层结构。智能变电站的过程层主要由一次设备及其智能组件（智能开关、电子式互感器）构

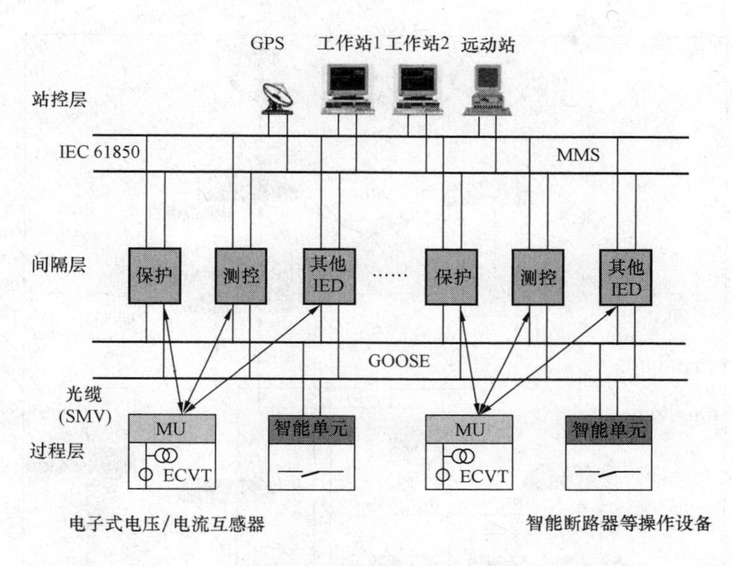

图 1-1 智能变电站保护控制系统逻辑结构

成；间隔层包括继电保护装置、测控系统、监测功能组件和智能化的电子设备；站控层是全站的集中控制平台，由监视控制系统、通信系统、时钟系统等构成，是人机交互的实现端。

与继电保护系统相关的模拟量由采样值 SV 网络获取、开关量通过 GOOSE 信息网络传递，与站级系统及调度端的信息交互，通过应用层通信管理 MMS 网络实现。这三大网络相互连接，反映了智能变电站过程层、间隔层和站控层之间信息交互关系。图 1-2 反映了智能变电站通信网络的数据关系。

由图 1-2 可知，智能变电站通信网络报文数据主要由 MMS、GOOSE 和 SV 三大系统构成。MMS 是站控层的一种应用层协议，用于实现不同制造商设备之间的互操作，使设备和装置信息便于集成化管理。整个智能变电站底层面向对象的建模和分层都直接映射于 MMS 上。GOOSE 是 IEC 61850 定义的一种通用的以对象为中心的变电站事件抽象模型，是装

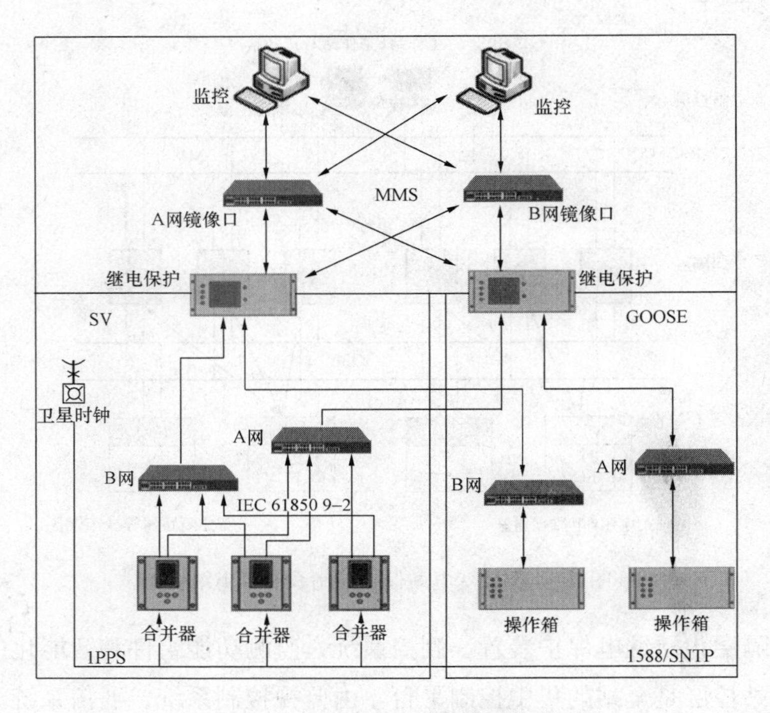

图 1-2　智能变电站通信网络数据关系

置间的数据交换，应用于间隔层部分，能够提供命令、告警信息等快速传输机制，用于传送间隔闭锁信号和实时跳闸信号，在系统发生故障时启动跳闸和故障录波。SV 是智能变电站采样值系统，服务于过程层的一次设备及智能装置，通过数据合并单元实施采样，并借助光纤通道将采样值送给保护装置和其他监控装置。

1. 2. 2　传统变电站和智能变电站的比较

传统变电站和智能变电站的结构比较如图 1-3 所示，基于 IEC 61850 的智能变电站给变电站二次系统的物理结构和通信结构带来很大的变化，在继电保护装置方面具有一些新特征。

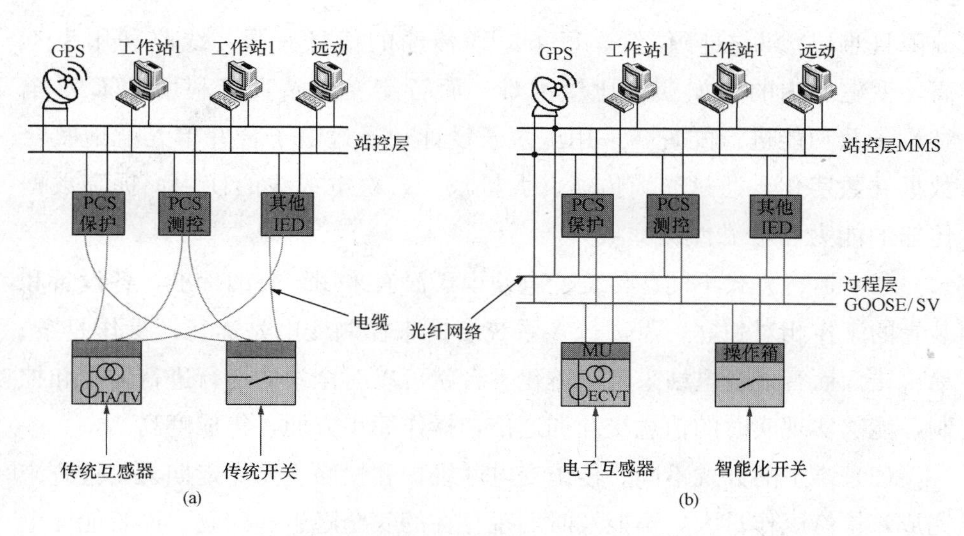

图 1-3 传统变电站和智能变电站的结构比较

（a）传统变电站结构图；（b）智能变电站结构图

传统变电站的一次系统使用传统互感器和传统开关，所有开关、模拟量的采集均需要通过电缆硬接线传送到保护、测量、控制和IED装置中，在微机保护端通过交流输入组件、A/D转换组件、开入开出组件和保护逻辑控制器进行模拟量到数字量的处理，实现人机交互。而智能变电站则采用电子式互感器或其他类型互感器、智能化开关及元件，通过电子合并单元将模拟量的采集就地转化为数字量，通过标准规约由光纤网络进行传输。智能变电站系统所有的开出控制，继电保护连锁闭锁控制也通过网络通信来完成，全站可通过网络交换机实现数据共享。

智能变电站相比传统变电站最大的差异在于装置直接全部采用通信网络进行数据交换，彻底改变了传统变电站二次系统结构。

智能变电站和传统变电站结构上的差异主要体现为以下几个方面：

（1）智能变电站和传统变电站的设计方式不同。传统变电站的装置连接都是通过电缆线完成的，装置之间采用硬接线，线路复杂，易发生故障且难以诊断故障位置。每条电缆传输的信息有限，线路利用率不高，变电站内的数据获取比较困难。而智能变电站直接利用SCD对全站设备及功能进行配置，采用虚端子设计，通过电子合并单元就地整合数据并数字化，通过光缆传输，大量减少二次电缆线的使用，提高数据传输的能力和可靠性。

（2）运行方式不同。传统变电站由于没有采用统一的标准，各设备和装置的工作相对独立，需进行多系统切换来控制变电站运行，操作复杂、易出错。而智能变电站采用一体化平台就可以对全站的运行进行监测和控制，能够实现实时的信息交互和通信，操作简单方便，集成度高。

（3）维护的方式不同。传统变电站维护和检修主要靠定期人工检查来完成，检修工作量大，不能及时发现存在的安全隐患和问题。而智能变电站可采用状态检修的方式，通过传感器和网络实时监控各设备的运行状态，出现异常立刻报警，节省了大量的人力、物力。

（4）调试方式不同。传统变电站主要依靠变电站现场就地测试，检修人员需要在现场用专用工具调试，需要耗费大量的精力，且安全性难以保障。智能变电站的调试则只需要外接计算机，可通过程序或软件进行远程测试，仅需要抓取网络报文即可观察设备状态。

1.2.3 智能变电站继电保护特征

通过1.2.2节对智能变电站和传统变电站的结构进行了对比，可以看出，智能变电站由于通信网络的应用，特别是GOOSE功能的应用，彻底改变了传统变电站的二次系统，其继电保护具有以下一些新的特征：

（1）继电保护装置的程序化操作。传统变电站的保护设备压板的投退操作需要两人共同进行，监护人员读取操作内容，工作人员核对后进行操作，操作完毕后还要检查是否正确，效率低下且容易发生误操作。而智能变电站的保护设备压板功能基本全由软压板来实现，只在保护拼柜上留有一块硬压板进行投退检修的状态指示。软压板的功能实现全部依靠程序化操作，同时，智能变电站的继电保护装置也可以通过远程投退切换实现多块软压板同时操作，提高了工作效率和变电站安全运行水平[73]。

（2）继电保护装置监视方式的改变。传统变电站的设备接口不同，通信协议也不一致，运行数据获取需要进行协议转换，造成通信和联调工作繁琐复杂，且不能对继电保护装置进行有效监视。继电保护装置由电缆硬接线进行控制，不能实时监视接线回路的状态。启动或闭锁回路发生断线时，不能被及时查出，只能等到定检和故障保护动作不正确时才能发现，存在很大的安全隐患。而智能变电站的二次系统采用光缆通信网络，摒弃了实际硬接线，将二次回路虚拟化。通过网络通信的方式实现实时监测，一旦发现问题立刻报警。同时，IEC 61850 通信标准规范了保护设备的接口，大大促进了保护装置运维的标准化。

（3）智能终端装置的改变。智能化变电站的继电保护对模拟信号的采样保持、A/D 转换和开入开出功能都直接在设备所在地的智能终端装置中就地完成，直接输出数字量信号到保护装置中，实现了数据采集与分析处理在硬件装置上的分离。

由上可见，智能变电站继电保护系统具有与传统变电站中的微机继电保护不同的结构和信号利用方式，因此在构建继电保护系统的隐藏故障诊断时就应采取不同的结构模式。

1.3 智能变电站继电保护故障诊断体系架构

1.3.1 智能变电站继电保护故障诊断系统结构

由前可见，在智能变电站中继电保护功能不再是由一台设备来完成的，而是由分布在不同物理位置上的互感器、合并器、同步时钟、交换机等设备共同完成的，继电保护功能是由一个二次系统组成的。

如图 1-4 所示，数据采集是智能变电站保护与控制等二次系统故障诊断的基础，采集的数据包括网络报文信息、设备的配置信息、网络设备日志、网络管理协议等。数据分析是故障诊断的核心部分，通过对采集数据进行报文分析、网络协议分析、SNMP 解析、网络异常检测和故障定位等技术实现故障报警和诊断。最终诊断出发生故障的装置和位置，并输出故障报告。

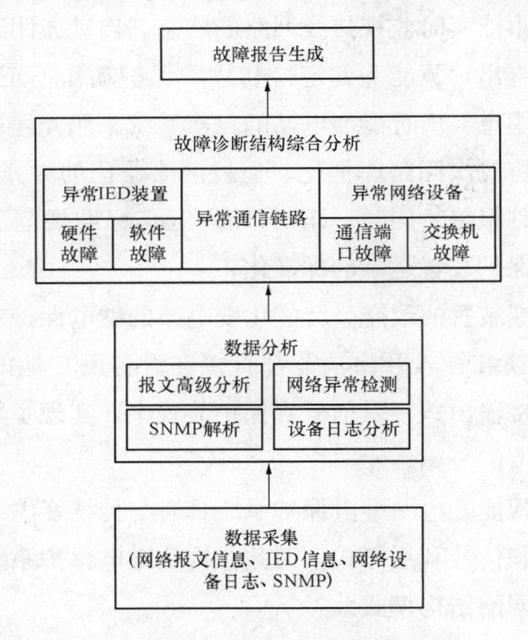

图 1-4　智能变电站二次系统故障诊断流程

从故障诊断的对象上来划分，可以分为变电站单装置故障诊断和单站故障诊断，如图 1-5 所示。对于单装置故障诊断，主要根据设备状态检测的结果和各种故障特征信息，结合设备特定的分析方法得出故障状态、故障类型、故障位置和故障等级；对于单站故障诊断，需要进行跨间隔故障诊断、站域故障诊断和站内同类型的设备的故障诊断。

智能变电站故障诊断应在不影响智能变电站自身功能的前提下进行。

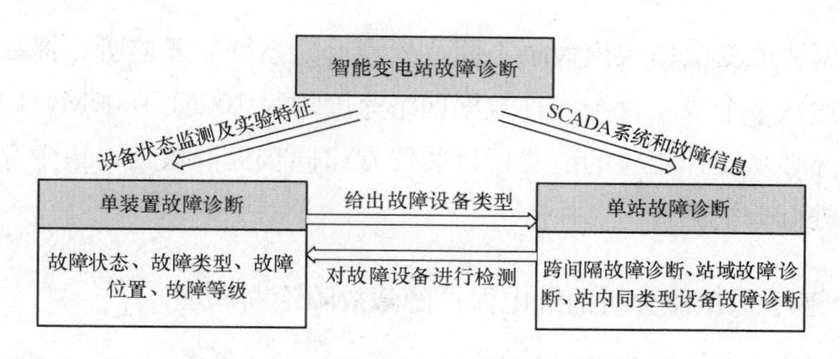

图 1-5　智能变电站单装置与单站故障诊断

因此这就确定了故障诊断系统的信息获取方式不能采取破坏性、排他性获取方式，而只能采用监听的方式获取。

按上述流程构建的智能变电站继电保护故障诊断系统结构如图 1-6 所示。

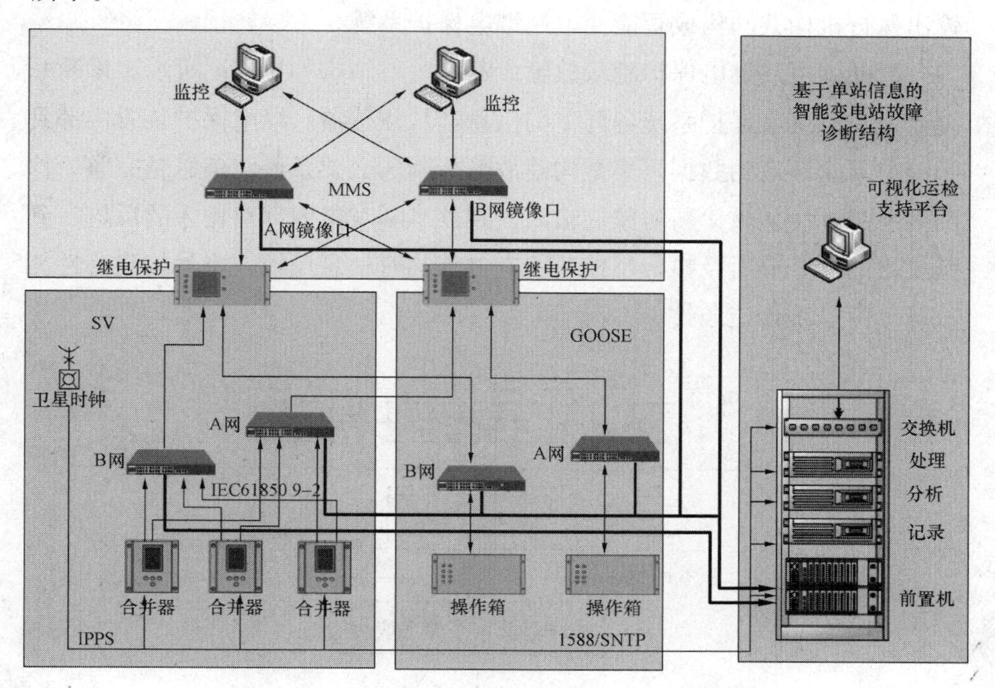

图 1-6　智能变电站继电保护故障诊断系统结构图

根据智能变电站规模大小不同，故障诊断系统需要监听、提取数据的接口多达数十个或上百个，且数据网络速度均为100M/1000M，因此故障诊断系统必须设计相应的前置接口装置专门同步提取数据，集中存储后再送后台进行分析处理。

1.3.2 基于数据流分析的继电保护隐藏故障诊断原理

智能变电站通过互感器和智能设备采集一次设备的工作状态和数据信息，通过合并单元整合信息送入继电保护装置中，通过继电保护装置的比较、判断最终得出决策命令，输出给执行机构，由执行机构完成继电保护的动作，实现故障切除。智能变电站的设备具有冗余性，为提高保护的可靠性，通常会有多套继电保护装置同时工作。测量元件、继电保护装置和输出执行机构共同构成智能变电站继电保护系统。

智能变电站继电保护隐藏故障诊断的一般结构如图1-7所示。诊断系统需要提取继电保护系统各环节的信息，从互感器、继电保护装置内部到智能单元全环节的数据采集是构建故障诊断的必要条件。信息越完整，诊断效果越好。从被诊断对象的输入、到被诊断对象内部对输入的反应、到其发出的命令分析及执行反馈，所有过程均有信息反馈，将为构建高性能故障诊断系统创造条件。

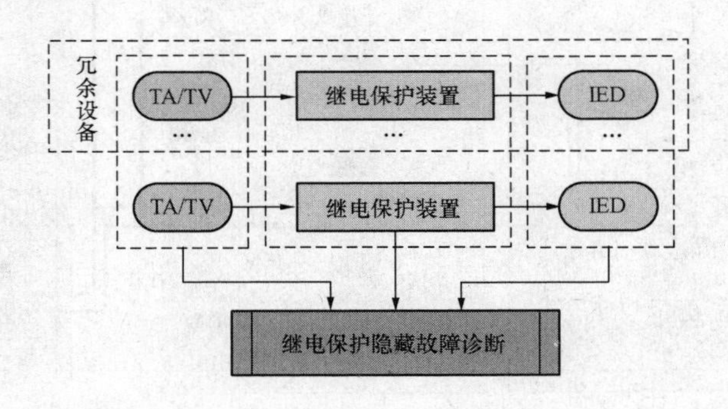

图1-7　智能变电站继电保护隐藏故障诊断的一般结构

从继电保护系统不同环节获取数据，可建立各环节的故障诊断数据流模式：

（1）传感器诊断。智能变电站的继电保护通常具有冗余性，如图 1-8 所示，智能变电站的多套继电保护装置可以通过不同传感器对同一测量元件进行数据采集、分析，最后输出结果。通过对比冗余传感器的测量数据是否一致，实现对传感器的故障诊断。

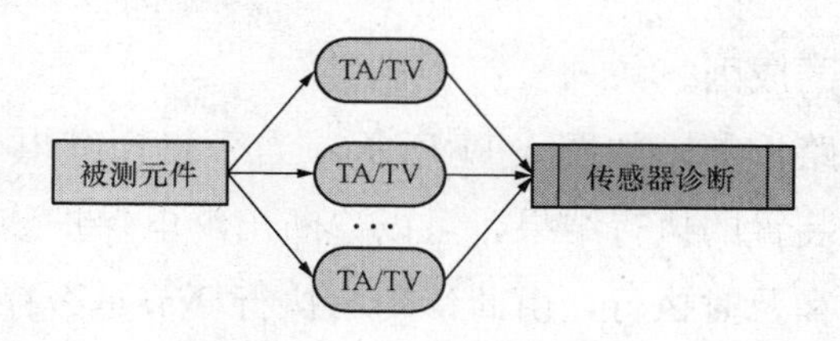

图 1-8　传感器诊断数据流

（2）数据通信传输通道诊断。利用智能变电站各个环节数据可获取这一特点，可以通过对比电子合并单元数据和继电保护装置接收到的合并单元数据是否相符、时钟是否匹配来判断通信传输通道是否发生了断线、信号延迟等故障，如图 1-9 所示。

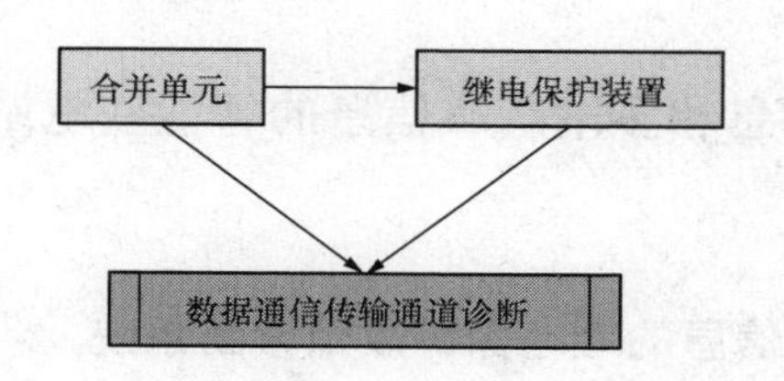

图 1-9　数据通信传输通道诊断数据流

（3）继电保护装置的动态过程诊断。过去的继电保护故障诊断方法不能反映继电保护的动态行为。图 1-10 表示了从继电保护装置启动后的每个功能段提取信息，利用这些动态过程信息，可揭示继电保护装置内部的动态反应行为，由此判断继电保护装置的内部状态，及时诊断是否有隐藏

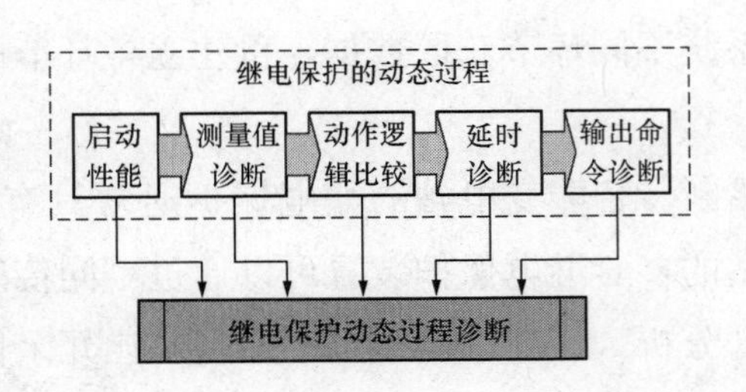

图 1-10　继电保护装置动态过程诊断数据流

故障及隐藏故障的成因。

（4）执行回路诊断。如图 1-11 所示，当采集到继电保护装置的命令和实际智能电子装置的执行结果，可以诊断出继电保护装置命令是否送达及是否及时送达和及时执行，由此诊断出执行环节是否存在隐藏故障。

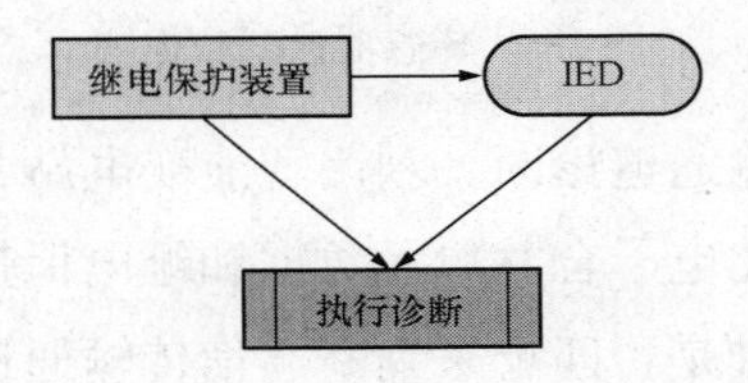

图 1-11　执行回路诊断数据流

1.3.3　基于单站信息和多站广域信息的智能变电站继电保护故障诊断结构

1.3.3.1　基于单站信息的继电保护故障诊断系统

基于单站信息的智能变电站故障诊断系统具有图 1-6 的结构。从合并单元提取的数据代表了互感器输出的信息，从网络交换机得到的数据则可获得保护装置内部信息，包括命令出口信息。从 GOOSE 网络交换机则可获取 IED 的相关信息。

基于单站信息的继电保护故障诊断系统仅需利用本站数据，包括各个间隔的数据。将这些数据集中以后，则可分析跨间隔保护装置的工作状态。

由于单站信息的继电保护故障诊断系统已收集了全站信息，因此也是构建基于多站信息的故障诊断系统的基础。

1.3.3.2　基于多站广域信息的继电保护故障诊断体系

在前述单站信息的基础上，多座智能变电站的信息可以集中存储并用于继电保护故障诊断。如图 1-12 所示，该系统以多个变电站的信息为依据进行故障诊断，其核心在于数据的时间标签必须准确。智能变电站站内具有严格的时钟同步功能，站间的时钟同步则是现代变电站广域测量技术所必需保障的内容。

此外，将大量的数据不经处理地集中送往中心处理器，会造成通道的拥挤，且分析计算量十分庞大。因此一方面采用数据压缩的方法降低数据

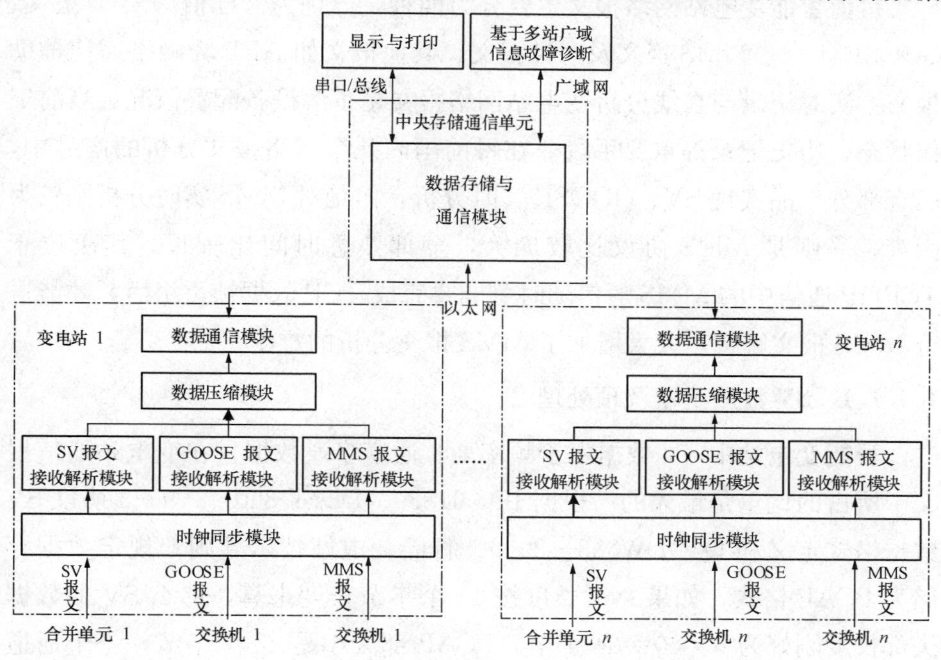

图 1-12　基于多站广域信息的继电保护故障诊断系统

传输量；另一方面，仅传输故障诊断有效信息，是必须研究的课题。本书第3章所提出的故障诊断指标体系，是解决这一问题的有效途径。

1.4 智能变电站继电保护故障诊断信息预处理方法

1.4.1 智能变电站继电保护隐藏故障诊断数据预处理方法

从智能变电站的体系架构和智能变电站继电保护的新特征来看，要维护继电保护安全，实现智能变电站继电保护故障诊断，必须首先从网络报文分析着手，通过解析报文来获取智能变电站数据并判断数据是否可信。

目前智能变电站网络报文主要分为四种，分别为采样值（SV）报文、GOOSE报文、MMS报文及时钟报文，其他报文如ARP为网络通信辅助报文。实时记录与在线分析变电站网络报文是了解设备配置情况、当前工作状态、历史记录等重要手段。在目前国内几个网络报文分析的产品中，已有部分产品实现SV、GOOSE实时分析，但是对MMS实时分析则较为困难。一则是MMS协议比较庞大，全部熟悉时间比较长。其次位于TCP/IP通信中的MMS通信随时可能要完成TCP数据帧重组后，才能进行MMS报文解析，大大增加了MMS报文分析的难度。

1.4.1.1 SV数据获取及预处理

智能变电站中SV数据由于频率高、通道多，数据量在变电站通信报文中所占的比重是最大的。根据IEC 61850（DL/T 860）—9—2协议SV数据格式定义和Q/GDW383—2009《智能变电站技术导则》规定数据存储为PCAP格式，如果svid长度按11个字节长度来算，那么SV的数据头部长度刚好为0×40＝64字节，PCAP部大小是16个字节，一个通道的长度为8个字节，因此一帧数据的大小为（16＋64＋8×通道数）字节，目前我们使用的采样数据类型为 M2，频率为 4000 次/秒，因此可以计算出一个合并单元在 8～20 个通道内产生的数据量大小见表 1-1 所示。

表 1-1　一个合并单元产生的数据量

通道数	1s（Byte）	1min（MB）	1h（MB）	1 天（MB）
8	576000	32.96	1977.54	47460.94
9	608000	34.79	2087.40	50097.66
10	640000	36.62	2197.27	52734.38
11	672000	38.45	2307.13	55371.09
12	704000	40.28	2416.99	58007.81
13	736000	42.11	2526.86	60644.53
14	768000	43.95	2636.72	63281.25
15	800000	45.78	2746.58	65917.97
16	832000	47.61	2856.45	68554.69
17	864000	49.44	2966.31	71191.41
18	896000	51.27	3076.17	73828.13
19	928000	53.10	3186.04	76464.84
20	960000	54.93	3295.90	79101.56

一个站中合并单元的数量与该站的进出线数及变压器数量有关，以一个 110kV 变电站为例，其合并单元的数目在 20 个左右，其数据量将十分庞大。

在进行故障诊断前，应首先保证这些数据是真实可用的数据。因此应先对这些数据进行预处理。为此本章提出的预处理技术如下：

（1）分析 APP ID，根据 APP ID 检查 MAC 地址、VLAN ID、SV ID、通道数是否与 SCD 配置文件一致。

（2）比较该合并单元上次计数器值，检查本帧计数值是否合理、品质是否有变化。

（3）运用 ASN.1 基本编码规则，解析出 SV 的点数据。计算一个周波（80 点）内帧间延时时间差，求出延时的方差，并判断延时是否正常。

（4）计算一个周波内各通道的幅值与相角。

（5）放入采样缓冲区中。

（6）采样缓冲区满后，请求新缓冲区，并压缩存储已经放满数据的缓冲区。

由于一次系统正常运行时，SV 周波数据间的重复度很高，因此经过压缩算法其所占存储空间将大大降低。经测试，一台 CPU1.8GHz 双核四线程、RAM 8GB 左右的装置可轻松接入 70 个左右合并单元。而目前普通网络报文记录分析单装置接入 24 个合并单元就已经达到装置极限。

通过上述预处理，不仅保障了数据的可用性，而且还节省了存储空间，为存储大量长时间尺度采样数据提供了方便。

1.4.1.2 GOOSE 数据获取及预处理

GOOSE 数据与 SV 数据有很大不同，它的频率比采样值数据低很多。预处理目标主要是保障数据的可用性。

对 GOOSE 数据的预处理如下：

（1）解析 APP ID，根据 APP ID 检查 MAC 地址、VLAN ID、GOCB、DATASET、GO ID、变量数是否与 SCD 一致。

（2）检查 stNum 与 sqNum 是否与上次发送的相适应。

（3）根据数据中的延时时间，检查延时是否在正常范围内。

（4）根据 SCD 配置和 ASN.1 解析整个数据集。如果 stNum 为新事件，检查开关是否变位。

（5）转发数据帧内容。

（6）放入GOOSE缓冲区中。

（7）GOOSE缓冲区满后，请求新缓冲区，并压缩存储已经放满数据的缓冲区一致性检查异常需送出错误告警，并把所有生成的告警写入告警文件。

1.4.1.3 MMS数据获取及预处理

MMS数据预处理目标在于识别MMS各种数据包，并根据IEC 61850规约校核其逻辑性。主要过程如下：

（1）解析TCP/IP会话，建立MMS全局会话列表，并跟踪每个会话的生命周期，当会话结束时从会话列表中清除该会话。当新会话产生时，判断会话双方是否是SCD文件所描述的设备，如果不是要送出警告。

（2）跟踪每个会话双方的TCP发送序号和确认序号，丢弃交换机重发数据，转发到后台程序，转发完成后再压缩存储。

（3）解析出TPKT（ISO Transport Services on Top of the TCP）数据，根据ISO/IEC 8073分解出单个COTP（Connection-Oriented Transport Protocol）数据包。在一个TCP中可能封装有多个TPKT数据包，每个TPKT数据包都可包含完整的MMS协议数据，因此要对每个TPKT数据包进行解析。

（4）检查每个COTP的数据类型。COTP共有10种数据TPDU（Transport Protocol Data Units）类型，分别是连接请求（CR，Connection Request）TPDU、连接确认（CC，Connection Confirm）TPDU、断开请求（DR，Disconnect Request）TPDU、断开确认（DC，Disconnect Confirm）TPDU、数据（DT，Data）TPDU、紧急数据（ED，Expedited Data）TPDU、数据确认（AK，Data Acknowledge）TPDU、紧急数据确认（EA，Expedited Acknowledge）TPDU、拒绝（RJ，Reject）TPDU、

错误（ER，Error）TPDU，根据每种类型的封装方式，分别对这10种类型进行解析。

（5）在COTP数据类型是DT TPDU时，会有会话层协议数据，如果DT TPDU指示为最后一帧数据时，需要进一步解析会话数据，反之，要把所有DT TPDU数据累积，直到最后一帧到来后解析。

（6）会话层解析时主要有3种，对应会话的状态：

1）连接建立阶段（Connection establishment phase）。

2）数据传送阶段（Data transfer phase）。

3）连接释放阶段（Connection release phase）。

对应于3个阶段，分别有36种数据类型（SPDU，Session Protocol Data Unit），这些SPDU又分为Category 0、Category 1、Category 2三类，其中Category 0中的SPDU可以封装一个或多个Category 2型SPDU。每个SPDU按顺序包含以下内容：

1）类型标识（SI，SPDU Identifier）SPDU。

2）长度数指示（LI，Length Indicator）。

可能存在的参数字段，包括PGI（Parameter Group Identifier）单元和PI（Parameter Identifier）单元，具内容根据SPDU的定义来决定。

用户信息字段，视SPDU类型而定。

（7）会话层数据类SPDU包含数据段时，用表示层协议封装，即PPDU（Presentation Protocol Data Unit），全部用ASN.1（Abstract Syntax Notation One）表示，共有14种PPDU类型，分别支持以下服务：连接建立、连接正常释放、连接异常释放、上下文变化、信息传送、令牌处理、同步处理、异步处理、异常报告、活动管理服务。

对这些PPDU类型的解析，可以直接分别建立对应的函数进行解析，可以根据相应的ASN.1的语法文件（ISO 8823-PRESENTATION.asn）用工具软件如asn2wrn翻译成C语言的解析程序。

（8）在 PPDU 连接建立阶段会使用到关联控制服务协议 ACSE（Association Control Service Element）该协议主要用来协商 MMS 相关参数，如版本等。该协议数据单元称为 APDU（Application Protocol Data Unit），有 5 种类型，分别为关联控制请求（AARQ，A-ASSOCIATE-REQUEST）、关联控制请求应答（AARE，A-ASSOCIATE-RESPONSE）、关联控制释放请求（RLRQ，A-RELEASE-REQUEST）、关联控制释放请求应答（RLRE，A-RELEASE-RESPONSE）、异常（ABRT，A-ABORT），扩展类型还有 3 种较少使用。参照相关的 asn 语法文件（acse. asn）建立各种 APDU 的解析函数并不困难。

（9）在 PPDU 的 user data 数据段和 APDU 的 user information 数据段中包含有 MMS 数据单元称为 MMS PDU。MMS PDU 共有 14 种类型，用来支持的各种服务高达 77 种，但是在智能变电站中并没有用到这么多，已有文献全部列出共使用有 25 个 MMS 服务，其他服务可以略去不用实现解析。在数据重组已经正确完成的情况下，MMS 解析已经不再困难，参照文献即可写出全部服务的解析方法。

1.4.1.4　智能变电站网络数据预处理

前述 3 种数据与处理方法分别针对了不同的数据类型进行，但仍有可能不能发现数据中的一些错误。特别是在变电站双网配置的情况下，不同网络上的数据有时会有差异，但是在网络没有切换的时候，问题很难发现。

本书提出通过以下几个方面，可以进一步发现网络数据中存在的缺陷，为继电保护装置的隐藏故障诊断提供更加可信的数据。

（1）数据串网分析：通过对接入端口的数据进行分类，可以发现是否有过程层数据串入站控层或网络混用状态。清洁网络上的垃圾数据，消除安隐患。

（2）SV 双网汇总对比：在 SV 配置双网的情况下，双网上采样信息汇总对比，确保完全一致。在双采样的情况下，还可以进行正弦量幅值、相角比对，发现问题时送出警告。

（3）GOOSE双网汇总与对比：GOOSE双网工作情况下，GOOSE信息的汇总对比是很重要的，确保在网络切换时，系统仍然能正确运行。

（4）MMS双网汇总对比跟踪：MMS网络上有控制各IED的信息，其安全问题应特别重视，MMS网的新成员必须是SCD配置的成员，反之应警示。

（5）网络风险分析：定时统计各网络ARP产生数量，发生网络风暴时及时定位设备与网络位置。

1.4.2 智能变电站数据预处理实现方法

在解决各种数据如何进行分析后，为了适应超大数据环境类似500kV及以上智能变电站，70个以上合并单元的大规模部署，如图1-13所示，宜建立分布式组件对象模型。

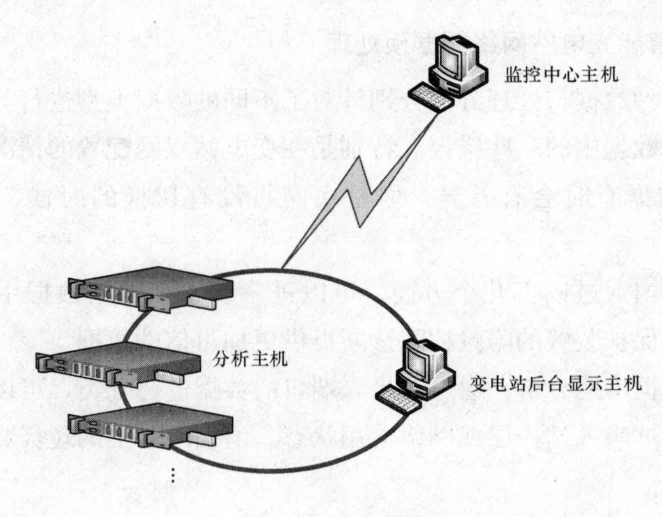

图1-13　分布式部署

将各项功能分解成组件，在智能变电站环境下组合就十分灵活，后台分析软件既可以安装在负荷较轻的分析主机上，也可以单独安装在一台机器上，在带宽允许的情况下还可以同时安装部署在监控中心的监控机上。

根据继电保护故障诊断的需要，试制了网络报文采集分析装置，如图 1-14所示，通过建立分布式组件对象模型，使用 DCOM、TAO、CORBA 等库实现组件接口的手段加以实现，能够实现对 SV 报文、GOOSE 报文等信息的预处理及异常的监测。

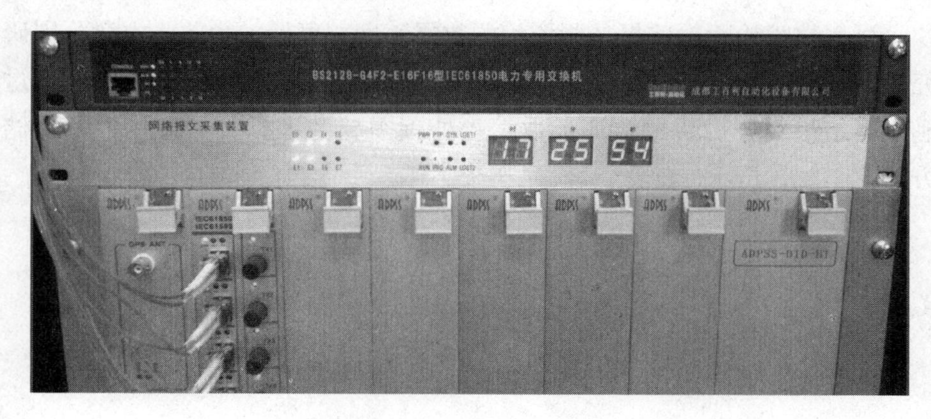

图 1-14　网络报文采集分析装置

在测试过程中使用的系统为 windows 2003 sp2 企业版，开发工具为 visual studio c＋＋ 2010。经过实测，一个大约 32M 字节的 PCAP 格式采样数据，总共含有 10 个合单元的采样数据，完全生成该文件需要时间约为 4736ms（最后一帧的时间减去第一帧的时间）。存储该文件耗时约为 1406ms。经过压缩算法，存储时间可缩短至 469ms，减少存储耗时近2/3，存储空间仅为原文件的约 1/4。

由前可见，构建继电保护故障诊断系统时，有必要对采集的数据进行可行性校核，然后进行压缩存储。这样保障后续诊断结果可行且占用资源较少、通信速度快。

1.5 本 章 小 结

本章从智能变电站的结构特征出发，分析了智能变电站与传统变电站的差异。在此基础上，根据继电保护故障诊断的需要，分别给出了基于单站信息和多站信息的隐藏故障诊断系统结构，指出了在此架构上实现 SV 回路、执行回路等各环节故障诊断的数据流结构。

可靠故障诊断的前提是所依赖的数据正确、可信。为此，本章分别研究了 SV 数据、GOOSE 数据、MMS 数据及网络数据的预处理方法，通过利用网络报文分析装置验证了数据预处理需要的数据校核及压缩、存储方法。

2 智能变电站继电保护关键环节故障诊断

2.1 引　言

继电保护装置作为电网安全稳定的第一道防线，起着十分重要的作用。继电保护系统中的各种故障隐患可能引发电力系统出现连锁跳闸，扩大故障停电范围。因此，如何实现故障诊断，保障继电保护系统正确动作，一直是继电保护工程界和学术界十分关注的问题。

继电保护装置由测量比较、逻辑判断和输出执行三大环节构成。测量比较环节通过互感器测量被保护电气元件的物理参数，与给定值进行比较，根据比较结果判断保护装置是否应当启动[74]。逻辑判断环节则根据测量比较的结果，使保护装置按照一定的逻辑关系判断故障的类型和范围，给出明确的动作和延时命令，并将对应指令传递给执行输出部分。最后由输出执行环节完成保护装置的任务，执行故障跳闸和报警等输出。

继电保护运行经验表明，通常继电保护系统中的故障不容易通过巡视被发现，而是隐藏在其中。这类故障通常称为隐藏故障。实际继电保护系统中各环节出现隐藏故障的概率并不相同，出现隐藏故障后所造成的后果也各不相同，因此应重点对继电保护的关键环节进行隐藏故障诊断研究。

本章将从智能变电站继电保护的三大环节入手，分析各环节故障造成的影响，从而得到智能变电站继电保护的关键环节。再针对继电保护测量比较环节的核心——电流测量回路和电子式互感器，提出继电保护关键环节隐藏故障诊断的新方法，解决智能变电站继电保护状态诊断及维修决策的关键问题。

2.2 继电保护系统的关键环节

2.2.1 继电保护系统的构成

智能变电站继电保护装置的构成由测量比较环节、逻辑判断环节和输出执行环节三大环节组成，图 2-1 显示了继电保护系统的关系。

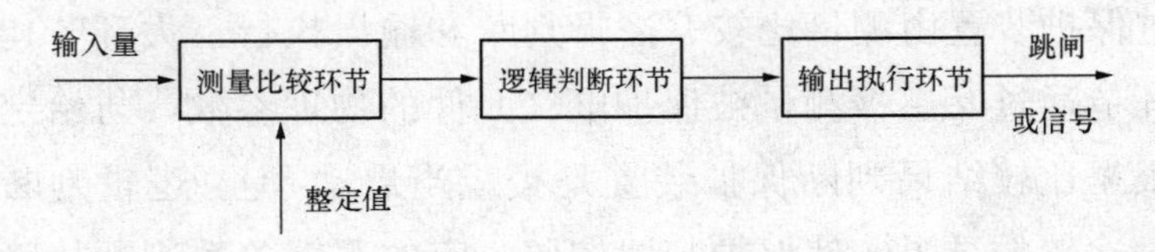

图 2-1 继电保护系统的关系图

（1）测量比较环节。测量比较环节通过测量被保护元件的电气量或非电气量参数，与设定的门槛值进行比较，从而判断被测量参数是否超越整定值而存在故障，并决定是否进入逻辑判断环节。常用的测量比较参数有电流、电压等。

（2）逻辑判断环节。逻辑判断环节根据测量比较环节输出的逻辑信号，按照设定好的逻辑关系和先后顺序对继电保护故障做出诊断，确定是否需要发出跳闸命令和动作信号等，并将判定结果的指令传到输出执行环节。

（3）输出执行环节。输出执行环节接收逻辑判断环节传递的指令，进行信号转换，将跳闸信号送至断路器操作回路。

2.2.2 继电保护的关键环节及其隐藏故障诊断研究现状

从智能变电站继电保护系统的构成可以看出，测量比较环节承担着关键电气参数的测量及比较判断功能，其测量的准确性和比较的可信度直接关系着继电保护系统是否能可靠工作。而输出执行环节则承担着控制断路器跳闸脉冲、发出报警信息等重要任务。如果不能快速、准确地执行逻辑判断指令，则会造成继电保护装置的误动和拒动，使得变电站有因保护出错而扩大停电范围的风险。测量比较环节作为智能变电站继电保护动作判断的依据，其信号传感、传输、采集交换、测量计算和整定值比较各环节均要求不能存在隐藏故障。输出执行环节作为智能变电站继电保护的命令实现环节，必须保证保护命令信号的快速、可靠转换，以保证及时切出故障并发出警报。智能变电站的测量比较环节包含了互感器、合并单元、交换机、光纤线路等多个设备，输出执行环节则包含了交换机、光纤线路、断路器智能接口 IED 等设备，而逻辑比较环节则仅包含在继电保护装置内部的数字处理部分，从设备构成的多少、暴露程度分析及运行统计数据均表明，测量比较环节、输出执行环节的故障概率更高。因此，对智能变电站继电保护进行故障诊断，应重点关注测量比较环节和输出执行环节这两大关键环节的隐藏故障诊断。本章重点分析测量比较环节的故障诊断方法。

(1) 电路测量回路的隐藏故障。在常用的继电保护方法中，电流量是继电保护动作原理中应用最广泛的电气参量。无论是高压线路的电流差动保护、距离保护、过电流保护，还是变电站的变压器差动保护、母线保护、站域保护及广域电流保护，当电流测量回路异常时均容易引发保护误动或拒动，甚至造成区域性大面积停电，是电力系统应极力预防的高风险事件。

文献［75］采用的基于电流原理的站域后备保护和文献［76］采用的母线电流保护都指出，继电保护动作行为对电流测量回路误差具有很强的敏感性。文献［77］体现出现有的广域电流保护在电流测量误差方面尚无良好的解决方案，SV 不准确将造成保护误动作，给电力系统带来灾难性后果。

电流互感器是保障测量回路准确性的第一道关口。已有学者对电流测量回路的误差展开研究。文献［78-84］分析电流互感器误差对继电保护的影响，分别从稳态和暂态误差、外接磁场、温度及位置和结构参数分析对电流互感器输出信号误差的影响。文献［83，84］对比了模拟积分器和数字积分器的优缺点，讨论了解决其温漂、时漂、初值及饱和问题的措施，总结了积分电路误差计算公式。针对电磁式和电子式互感器并存于智能电网建设初期的情况，文献［85］分析其非同步误差，文献［86］分析合并单元采样值误差，文献［87］给出电流互感器复合误差的计算方法。以上研究对采用不同电流传感方式，互感器误差来源及变化规律进行分析，并在继电保护的整定计算中，用可靠系数的方式予以考虑。

在保护整定计算中，测量回路的误差预测量越大，保护越安全，但反应故障的灵敏度则受到影响。

（2）电子式互感器的故障。作为智能变电站中一次系统的传感元件，电子式互感器是所有继电保护和自动化装置的信息源头。电子式互感器与传统互感器相比，具有绝缘简单、体积小、重量轻、电流动态范围宽、无磁饱和、无电压谐振现象、电流二次输出可以开路等优点，被广泛应用于智能变电站的电压、电流测量中。

实用化的电子式互感器由于制造原理、工艺组合、运行环境等诸多方面的原因，其测量精确度和运行稳定性都将受到严峻的考验。文献［88-91］分析温度变化对电子式互感器测量准确度的影响。文献［92］详细分析外界变化磁场对罗氏（Rogowski）线圈电流互感器的影响。文献［93］从可靠性角度分析基于法拉第（Faraday）磁光效应的光学电流互感器传感头的失效模式和失效机理。文献［94］建立了电子式电流互感器的可靠性模型，并引入后果分析法和故障树分析法对一种电子式电流互感器的可靠性进行了研究。文献［95，96］提出以数字积分器取代电子式电流互感器中的模拟积分器以提高测量精确度。目前，对电子式互感器的研究主要侧重于其测量精确度和稳定性，缺乏有效手段对运行中的电子式互感器进行在线监测和故障诊断。鉴于尚不能消除电子式互感器的故障，进行电子式互感器的在线故障诊断研究就非常必要。

2.3　继电保护电流测量回路分析[97]

鉴于电流测量回路的复杂性及故障概率较高的特点，应仔细分析测量回路的故障现象，建立故障诊断模型，构建可行的故障诊断方法。

2.3.1　电流测量回路广义变比

智能变电站的继电保护电流测量回路主要由互感器、合并单元、传输通道和交换机等组成。互感器作为智能变电站继电保护的电流测量环节，关系着继电保护动作的准确性和可靠性。

电磁式和电子式电流互感器是目前继电保护广泛使用的电流互感器，电力系统一次电流经电流互感器变换成二次测量电流之后，需经多个环节才能转换为继电保护计算所用的数字量。

图 2-2 为基于电磁式电流互感器的电流测量回路，一次侧大电流经带铁芯的电磁线圈变为二次侧小电流，通过模拟低通滤波、A/D 转换、编码、电光转化，通过光缆将测量的电流信息经合并单元送入继电保护装置中。传统电磁式电流互感器信号有一个先从模拟信号转化为数字信号的过程。

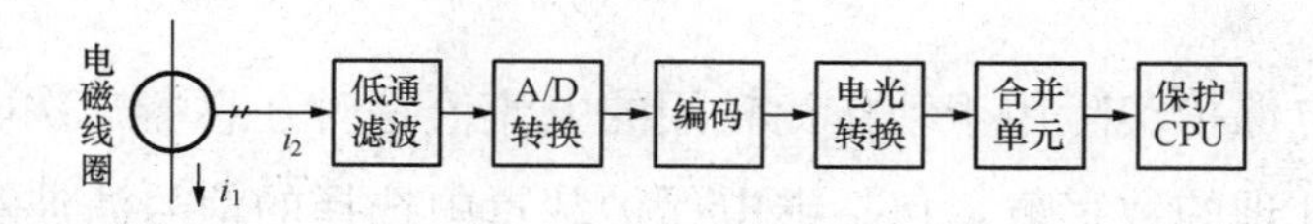

图 2-2　基于电磁式电流互感器的电流测量回路

图 2-3 为基于电子式电流互感器的电流测量回路，采用空芯的罗氏线圈通过电磁感应关系将一次系统电流变换为二次采样电流之后，经积分放大、低通滤波、相位补偿、A/D 转换、编码、电光转换和合并单元转换为保护 CPU 所采用的数字量。

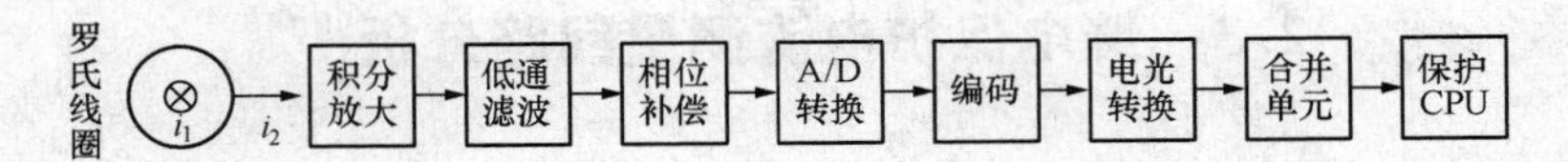

图 2-3　基于电子式电流互感器的电流测量回路

从电磁式电流互感器和电子式电流互感器的原理、结构来看，电磁式电流互感器一次匝数少、二次匝数多，有铁芯；正常工作时磁通密度低，故障时磁通密度大，容易饱和而引起测量波形畸变甚至消磁和损坏互感器绝缘；内阻高且二次侧负载小；二次侧不能开路运行。电磁式电流互感器由于采用了铁芯，绕线较多，所以体积通常比较笨重，工作时可能导致铁磁谐振过电压，且输出量为模拟量，必须要进行模数转换[98]。

电子式电流互感器因采用空芯线圈来传感电流信号，避免了铁芯容易造成的磁通饱和问题，具有很高的线性度和动态范围。因此电子式电流互感器具有很高的测量准确度、较大的动态范围和较好的暂态性能。同时，电子式电流互感器的输出功率很小又不含铁芯，体积相较传统电磁式互感器小很多。

通常用常数变比 N 来表征电流互感器的变换关系。定义 N 为一次电流与二次电流的比值。例如，对于二次额定电流为 5A 的电磁式电流互感器，当一次额定电流为 1000A 时，选择的电磁式电流互感器的变比为 $N=1000/5$。

但继电保护实际用于动作比较用的电流值是对互感器二次电流进行了多个环节处理的数字值，包括继电保护装置中选择的信号滤波和幅值计算方法。这些流程中，硬件故障、干扰、温度漂移、软件缺陷均可能造成继电保护装置内最终用于保护动作逻辑比较的值不正确，从而引起保护错误动作。从电流互感器到继电保护装置内部 CPU 计算得到数字量之间的整个流程称为测量回路，测量回路的特性可用另一个变比参量来表征，该变比不再是电流互感器的变比，而是反映了从模拟量到数字量所有环节的变换关系。当所有环节均无误差或误差稳定时，这个变换关系表现为一个线性系数。这是现有微机继电保护和智能变电站继电保护所采用的处理方法。但当测量回路受温度等因素影响时，其变换关系可能不再是线性关系。

为了反映从一次电流、电流互感器到保护 CPU 计算得到的数字值之间的传递关系，定义一个广义变比。该广义变比为流进电流互感器一次电流与保护 CPU 计算所得二次电流数值的比值。用 $N_{\mathrm{g}}(t)$ 表示，如式（2-1）所示，即图 2-2 和图 2-3 所示电流测量回路首端一次系统电流 $i_1(t)$ 与末端保护 CPU 所得电流采样值 $i_2(t)$ 之比。

$$N_{\mathrm{g}}(t) = i_1(t)/i_2(t) \tag{2-1}$$

由于继电保护系统运行环境和硬件老化时间的变化，理论上广义变比是一个随时间变化的函数。但在某一较短的时间阶段（例如 1s 之内），可视为常数 N_{g}。

若能持续监视电流测量回路广义变比的变化过程，则可监视继电保护测量回路硬件、软件的可用度。当设置适当门槛值时，则可实现对保护测量回路的故障监视及预警。

2.3.2 电流测量回路故障分析

电流测量回路是否存在故障，应首先看其变换误差是否在容许范围内。

电磁式电流互感器工作原理与变压器相似，主要由铁芯、一次线圈和二次线圈组成，铁芯磁阻所引起的励磁电流和铁损耗是其误差的主要来源。因此，影响电磁式电流互感器误差的因素主要有二次线圈的内阻和漏抗、铁芯截面积、线圈匝数、铁芯损耗和磁导率，其误差主要表现为电磁饱和与极性接错。此外，电磁式电流互感器测量回路信号传输路径长且转换连接环节多，容易出现接触不良、回路断线和回路多点接地等误差。

基于罗氏线圈的有源电子式电流互感器传感头，工作原理为电磁感应定律，因此其误差主要来源于自身位置参数、结构参数、外界干扰磁场以及环境温度等因素。在基于电磁感应原理和新型电子技术的电子式电流互感器信号转换中，滤波器和积分放大器的电阻电容与温度的关系密切而可能导致较大的温度漂移，A/D 转换过程容易出现截位和移位误差，合并单元存在数据采样不同步与 SV 丢包。

由此可见，当电流测量回路存在故障时，表现出的变换误差将超过预先设计所容许的值。但由于继电保护并不能直接获得一次电流值，只能通过电流互感器间接获得一次电流，因此如何判断测量回路的误差是否超过容许值成为测量回路故障诊断的关键。

2.3.3 电流测量回路误差模型

基于上述分析，当继电保护电流测量回路异常或发生故障时，可视为其二次测量电流 $i_2(t)$ 中引入一个综合误差项

$$i_2(t) = [1+\varepsilon(t)]i'_2(t) \tag{2-2}$$

式中：$i'_2(t)$ 为当测量回路无误差时的二次电流；$\varepsilon(t)$ 为实时综合误差。

设 N 为电流测量回路无误差时的理想变比 $[N = i_1(t)/i'_2(t)]$，根据广义变比定义可得

$$N_g(t) = \frac{i_1(t)}{i_2(t)} = \frac{i_1(t)}{[1+\varepsilon(t)]i'_2(t)} = \frac{N}{1+\varepsilon(t)} \tag{2-3}$$

定义广义变比的标幺值 $n_g(t)$ 为

$$n_g(t) = N_g(t)/N = 1/[1+\varepsilon(t)] \tag{2-4}$$

正常情况下，电流测量回路综合误差较小，广义变比接近于理想变比；当电流测量回路异常，表现为保护计算所获得的数据不准确，广义变比 $N_{\mathrm{g}}(t)$ 将发生变化。因此，通过对广义变比 $N_{\mathrm{g}}(t)$ 的辨识可监测电流测量回路的异常情况。

2.4 基于广义变比辨识的电流测量回路故障诊断

2.4.1 电流测量回路广义变比的辨识方法

继电保护电流测量回路故障表现为电流测量回路综合误差增大导致广义变比的异常。尽管该误差可能随环境温度和运行随时间改变，但在很短的监视时段内可视为恒定，表示为 ε；由式（2-4）可知广义变比也为常数。因此电流测量回路异常或故障的监视可转化对继电保护各个回路的广义变比求解的数学处理方法。

将测量回路各环节的电流变换比定义为广义变比作为变量进行辨识，识别变比的动态变化来诊断测量回路是否异常。由一次电流、二次电流及广义变比 3 个量相互约束的式（2-1）可知，其中的二次电流为已知，因此只需求解出广义变比就可准确获知一次电流，即事实上只有 1 个变量需要求解。在变电站母线节点处，一次电流必定满足基尔霍夫电流定律，因此利用基尔霍夫电流定律约束方程即可求解变量。故不需要直接得到一次电流，可利用一次电流的约束方程求解出广义变比。

根据一次系统的拓扑关系，利用基尔霍夫电流定律，即在任一瞬时，流出（或流入）某元件电流的代数和恒等于 0，据此可建立各继电保护装置电流测量回路的约束关系为

$$\sum i_{1i} = 0 \tag{2-5}$$

式中：i_{1i} 为流过元件第 i 条支路的一次电流。

此外，由于继电保护有多个电流测量回路，与继电保护装置相关就有多个未知的广义变比。仅靠上述新的信息，还难以求解全部未知广义变比。为此，可采用分时采样技术，获取多个保护回路电流不同时刻的采样值，建立多个包含广义变比的测量方程，当采样点个数大于未知广义变比个数时即可求解出多个未知广义变比。具体处理方法为以电流测量回路三相电流中的任意一相作为分析对象。如图 2-4 所示，i_{11}、i_{12}、…、i_{1i}、…、i_{1n}为流过节点 M 的 n 条一次回路某相电流，经电流测量回路转换为相对应的保护二次采样电流 i_{21}、i_{22}、…、i_{2i}、…、i_{2n}。根据广义变比定义为

$$i_{1i} = N_{gi} i_{2i} \tag{2-6}$$

式中：N_{gi}为第 i 条支路电流测量回路的广义变比；i_{1i}为 i 时刻一次电流；i_{2i}为 i 时刻保护的二次电流采样值。

将式（2-6）代入式（2-5），等式两边同时除以理想变比 N，则任意时刻有

$$\sum_{i=1}^{n} n_{gi} i_{2i} = 0 \tag{2-7}$$

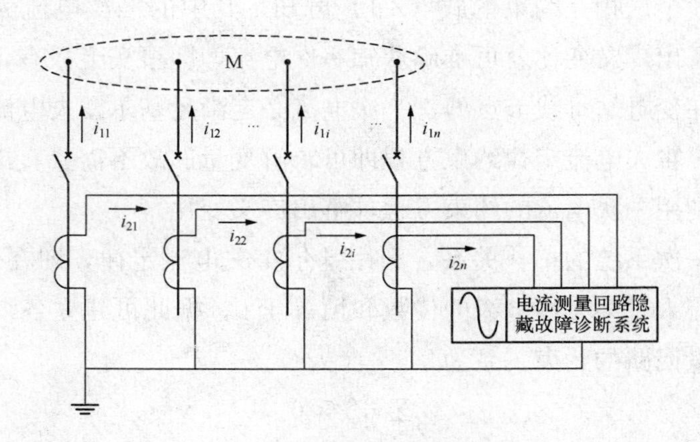

图 2-4　测量回路隐藏故障诊断系统

式中：n_{gi}为第 i 条支路电流测量回路广义变比的标幺值，即为第 i 条支路电流测量回路广义变比的有名值 N_{gi} 与其理想变比 N 的比值。

设对测量回路的监测时间点为 $t_1 \sim t_m$，其中第 i 个时间点第 j 条支路的保护 CPU 计算值为 $\dot{i}_{2j}^{(i)}$，每组计算值均应满足式（2-6），则 $m(m > n)$ 个时刻的计算值可列出如下方程组

$$\boldsymbol{A}\boldsymbol{n}_{\mathrm{g}} = 0 \tag{2-8}$$

其中

$$\boldsymbol{A} = \begin{bmatrix} \dot{i}_{21}^{(1)} & \dot{i}_{22}^{(1)} & \cdots & \dot{i}_{2n}^{(1)} \\ \dot{i}_{21}^{(2)} & \dot{i}_{22}^{(2)} & \cdots & \dot{i}_{2n}^{(2)} \\ \cdots & \cdots & \cdots & \cdots \\ \dot{i}_{21}^{(m)} & \dot{i}_{22}^{(m)} & \cdots & \dot{i}_{2n}^{(m)} \end{bmatrix}, \boldsymbol{n}_g = \begin{bmatrix} n_{\mathrm{g}1} \\ n_{\mathrm{g}2} \\ \cdots \\ n_{\mathrm{g}n} \end{bmatrix}$$

上面方程组中方程数量大于未知量个数，$\boldsymbol{A} \in \boldsymbol{R}^{m \times n}$，由奇异值理论可将 $\boldsymbol{A}$ 分解为

$$\boldsymbol{A} = \boldsymbol{SVD} \tag{2-9}$$

式中：$\boldsymbol{S}$ 和 $\boldsymbol{D}$ 分别是 $m \times m$ 阶和 $n \times n$ 阶正交矩阵；$\boldsymbol{V} = \mathrm{diag}(\lambda_1, \lambda_2, \cdots, \lambda_n)$ 是对角矩阵，其对角元素为 $\boldsymbol{A}$ 的奇异值，并按降序排列。

实际计算中可使采样组数 m 远大于电流测量回路数 n，由式（2-5）、（2-6）可知 $\boldsymbol{A}$ 的列向量是线性相关的[101]，且当 m 足够大时，可使 $\mathrm{rank}(\boldsymbol{A}) = n - 1$，此时超定齐次方程组（2-8）只有 1 个基础解系，为排除零解，加入约束条件 $|| \boldsymbol{n}_{\mathrm{v}} || = 1$。将式（2-9）代入式（2-8）可得如下转换

$$\boldsymbol{A}^{\mathrm{T}}\boldsymbol{A}\boldsymbol{n}_{\mathrm{g}} = (\boldsymbol{SVD})^{\mathrm{T}}(\boldsymbol{SVD})\boldsymbol{n}_{\mathrm{g}} = \boldsymbol{D}^{\mathrm{T}}(\boldsymbol{V}^{\mathrm{T}}\boldsymbol{V})\boldsymbol{D}\boldsymbol{n}_{\mathrm{g}} = 0 \tag{2-10}$$

其中单位正交矩阵 $\boldsymbol{D}^{\mathrm{T}}$ 可逆，上式可化简为

$$(\boldsymbol{V}^{\mathrm{T}}\boldsymbol{V})\boldsymbol{D}\boldsymbol{n}_{\mathrm{g}} = 0 \tag{2-11}$$

式中：$\boldsymbol{V}^{\mathrm{T}}\boldsymbol{V}=\mathrm{diag}(\lambda_1^2 \quad \cdots \quad \lambda_{n-1}^2 \quad 0)$；$\boldsymbol{D}=[\boldsymbol{d}_1 \quad \boldsymbol{d}_2 \quad \cdots \quad \boldsymbol{d}_n]^{\mathrm{T}}$。

由此可得 $\boldsymbol{Dn}_{\mathrm{g}}=(0,0,\cdots,0,1)^{\mathrm{T}}$，故可解得

$$\boldsymbol{n}_{\mathrm{g}}=\alpha\boldsymbol{d}_n^{\mathrm{T}} \tag{2-12}$$

式中：α 为任意非零实数；$\boldsymbol{d}_n$ 为正交矩阵 $\boldsymbol{D}$ 的最后一行，即 $\boldsymbol{A}^{\mathrm{T}}\boldsymbol{A}$ 的最小特征值所对应的特征向量。

2.4.2 电流测量回路故障判别

比较计算所得的电流测量回路广义变比 N_{gi} 与其相对应的电流互感器理想变比 N_i，即可判定电流测量回路是否存在故障。由此，定义第 i 条支路电流测量回路故障判据 P_i 的表达式为

$$P_i=\frac{N_{gi}-N_i}{N_i}=\frac{N_{gi}}{N_i}-1=n_{gi}-1 \tag{2-13}$$

正常运行状态下，电流测量回路综合误差 ε 应小于 10%[77]，由式（2-4）、式（2-13）可得式（2-14）所示的第 i 条支路电流测量回路故障判据特征值 p_i 为

$$p_i=\frac{1}{1+\varepsilon}-1 \tag{2-14}$$

当测量回路正常时，误差在规定范围内，即 $p_i\in(0.0909,0.1111)$；当测量回路异常时，广义变比超过上述范围。因此根据 p_i 的取值范围可判定第 i 条支路电流测量回路某相是否存在故障。

上述方法分别应用于系统 A、B、C 三相的电流测量回路，然后通过逻辑判定即可辨识整个电流测量回路是否异常。

为了清晰故障判据，进行如下定义：若 $p_{i,\mathrm{a(b,c)}}\in(0.0909,0.1111)$，则 $g_{i,\mathrm{a(b,c)}}=1$，表示电流保护装置 i 的 A（B，C）相测量回路不存在故障；若 $p_{i,\mathrm{a(b,c)}}\notin(0.0909,0.1111)$，则 $g_{i,\mathrm{a(b,c)}}=1$，表示电流保护装置 i

的 A（B，C）相测量回路存在故障。

由此可得图 2-5 所示的基于广义变比辨识的电流测量回路故障诊断的流程。

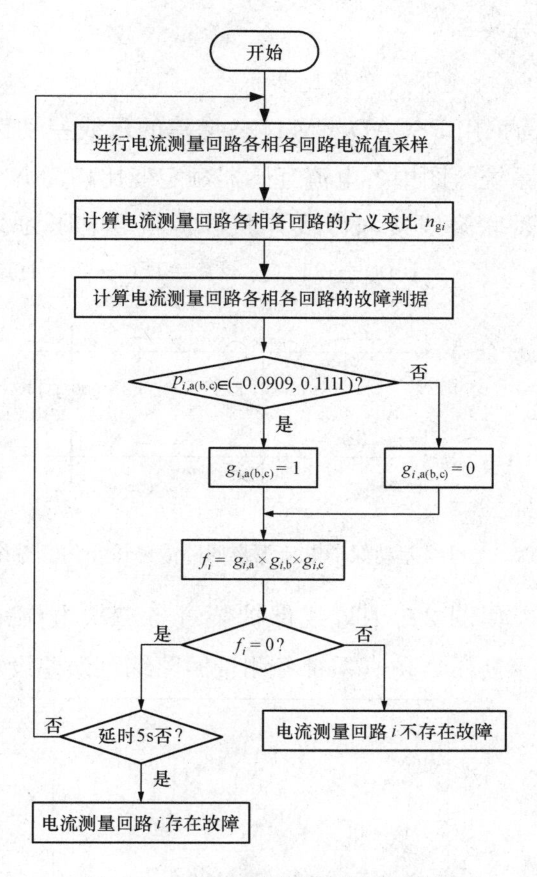

图 2-5　电流测量回路故障诊断流程

当变电站装设母线电流差动保护时，可集成上述判据。在站域保护、广域保护使用本章方法时，支路数很多。当某个支路退出运行时，必须相应地改变本方法中的支路对象。实际使用时，由于站域保护、广域保护具有网络拓扑识别功能，因此，其网络拓扑识别结果可同时用于本章方法中，但当支路数改变时，应改变辨识方程变量，短暂进行数据切换，对包括的支路数量则无限制。

2.4.3 算例分析

1. 正常无故障情况下广义变比辨识

图 2-6 所示为采用 PSCAD/EMTDC 搭建的母线差动保护电流测量回路故障诊断仿真系统。图中各电流互感器额定变比均为 $N=1200/5$，电源 M、N 相同并通过联络线接入母线并联，其额定电压为 220kV、频率为 50Hz，负载分别为 $Z_M=1000+j314\Omega$、$Z_N=150+j31.4\Omega$。

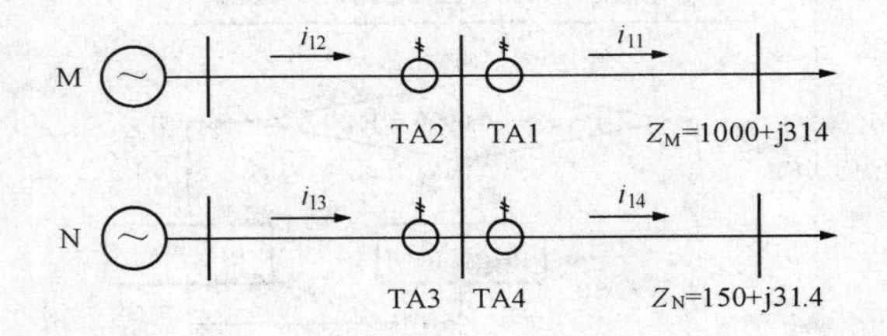

图 2-6 母线差动保护电流测量回路故障诊断仿真系统

根据图 2-4 采集图 2-6 中母线保护装置各二次电流采样值 i_{21}、i_{22}、i_{23}、i_{24}，如图 2-7 所示。仿真系统各测量回路综合误差设定情况：①设定

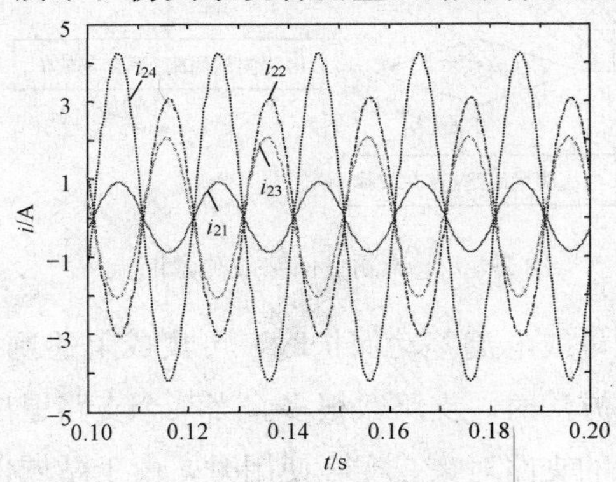

图 2-7 正常情况下母线差动保护二次电流

TA1～TA4 所在电流测量回路支路均无误差；②仅设定 TA1 所在测量回路支路综合误差为－10％；③仅设定 TA2 所在测量回路支路综合误差为＋10％；④同时设定 TA1 和 TA2 所在测量回路支路存在综合误差，分别为－10％和＋10％。利用前述辨识方法可得各支路电流测量回路广义变比的辨识值，见表 2-1。

表 2-1　正常情况下广义变比的辨识值（标幺值）

广义变比	$\varepsilon_{TA1}=\varepsilon_{TA2}=0$ $\varepsilon_{TA3}=\varepsilon_{TA4}=0$	$\varepsilon_{TA1}=-10\%$ $\varepsilon_{TA2}=0$ $\varepsilon_{TA3}=0$ $\varepsilon_{TA4}=0$	$\varepsilon_{TA1}=0$ $\varepsilon_{TA2}=+10\%$ $\varepsilon_{TA3}=0$ $\varepsilon_{TA4}=0$	$\varepsilon_{TA1}=-10\%$ $\varepsilon_{TA2}=+10\%$ $\varepsilon_{TA3}=0$ $\varepsilon_{TA4}=0$
n_{g1}	1.0000	1.1111	1.0000	1.1111
n_{g2}	1.0000	1.0000	0.9091	0.9091
n_{g3}	1.0000	1.0000	1.0000	1.0000
n_{g4}	1.0000	1.0000	1.0000	1.0000

从表可知，当母线差动保护各支路电流测量回路均无误差时，辨识广义变比的标幺值为 1.0000，即等于电流互感器理想变比；当 TA1 或 TA2 所在支路测量回路分别存在误差时，广义变比辨识值分别存在相对应的变化；当 TA1、TA2 所在支路测量回路同时存在误差时，则广义变比也同时存在相对应的变化。此外，当测量回路存在正误差时，广义变比成比例减小；当测量回路存在负误差时，广义变比成比例增大。由此验证系统正常运行状态下，本章所提方法的正确性。

2. 故障情况下广义变比辨识

为验证一次系统故障情况下本章方法的有效性，在图 2-6 的母差保护仿真系统中设置区外故障，如图 2-8 所示，故障起始时间设定为 0.115s。

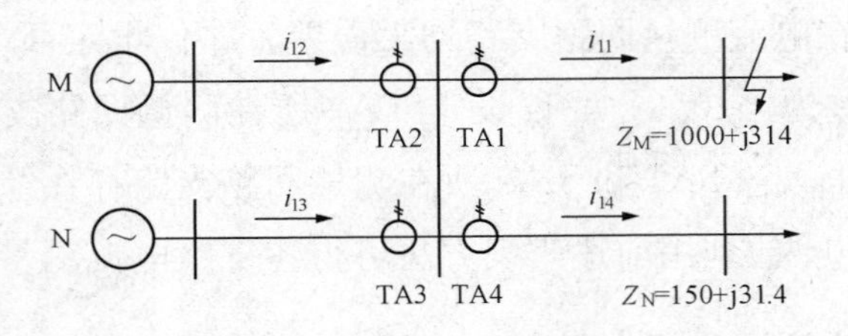

图 2-8 区外故障时保护测量回路故障诊断仿真系统

在一次系统故障状态下，获取图 2-8 中母线差动保护各支路电流测量回路的二次采样电流值 i_{21}、i_{22}、i_{23}、i_{24}，如图 2-9 所示。

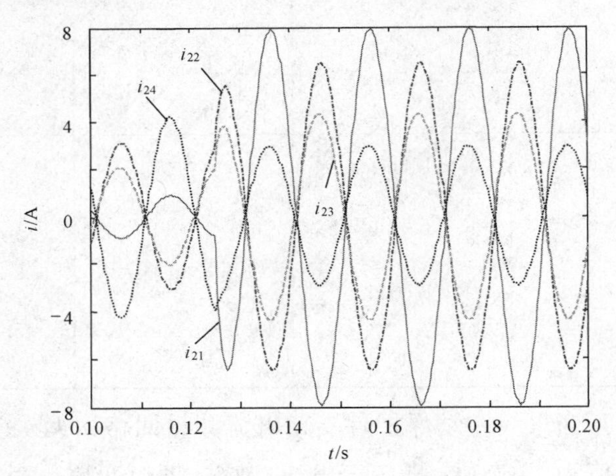

图 2-9 故障情况下母线差动保护二次电流

同 2.4.3 节设定图 2-8 所示仿真系统各电流测量回路支路的综合误差。采用本书所述辨识方法求解故障情况下各支路电流测量回路广义变比的辨识值，仍可获得如表 2-1 所示相同的辨识结果。

3. 电流测量回路故障诊断

以 TA1 所在支路的电流测量回路为例，设仅 TA1 所在支路测量回路存在综合误差，当误差分别为－15%、－10%、－5%、+5%、+10%和＋15%时，电流测量回路各支路故障判据特征值 p_i 的辨识值见表 2-2。

表 2-2　　TA1 所在支路测量回路不同综合误差下的故障判据计算

故障判据	TA1 所在支路测量回路的综合误差值/%					
	−15	−10	−5	+5	+10	+15
p_1	0.1765	0.1111	0.0526	−0.0476	−0.0909	−0.1304
p_2	0	0	0	0	0	0
p_3	0	0	0	0	0	0
p_4	0	0	0	0	0	0

由表 2-2 可知，TA1 所在支路测量回路综合误差为−5%和+5%时，故障判据特征值 p_1 分别为 0.0526 和−0.0476，当设定容许误差为 10%时，$p_1 \in (0.0909,\ 0.1111)$，由此可判定 TA1 所在支路电流测量回路没有故障；而综合误差为−15%和+15%时，故障判据特征值 p_1 分别为 0.1756 和−0.1304，$p_1 \notin (0.0909,\ 0.1111)$，由此可判定 TA1 所在支路电流测量回路存在故障。

2.5 基于小波变换的电子式互感器突变型故障诊断方法[102]

互感器可能发生的故障是多样的，许多人从不同角度提出了几种分类方法[103,104]。按故障程度的大小可分为硬故障（泛指结构损坏导致的故障，一般幅值较大，变化突然）和软故障（泛指特性的变异，一般幅值较小，变化缓慢）；按故障存在的时间可分为间歇性故障（时好时坏）和永久性故障（失效后，不能再恢复正常）；根据故障发生、发展进程又可分为突变故障（信号变化速率大）和缓变故障（信号变化速率小）。

故障诊断方法包括基于知识的方法、基于解析模型的方法[105]和基于信号处理的方法。基于信号处理的方法可以回避诊断对象的数学模型，且对输入信号的要求较低，计算量不大，灵敏度高，克服噪声能力强。

本章拟针对电子式互感器的突变型故障，通过分析电子式互感器故障模式和一次系统电气量变化特点，提出电子式互感器突变故障诊断方法。

2.5.1 电子式互感器突变故障诊断原理

电子式互感器的突变故障是指电子式互感器在工作过程中经某一瞬间后偏离其正常工作状态，有以下几种表现形式：偏差突然增大、信号传感突然失效、变比突然改变。发生突变故障的显著特征是电子式互感器输出信号发生畸变。识别电子式互感器突变故障的关键是区分电子式互感器输出畸变是由电子式互感器故障所致，还是由于一次系统信号突变所致。电力一次系统信号突变主要有下述几种情况：

（1）电网故障。电网发生单相短路、两相短路、三相短路故障时，均会伴随三相电流、电压信号的变化。

（2）开关操作。电网的开关操作会产生操作过电压、电流浪涌等，这类扰动通常对三相系统产生影响，因此在三相电流、电压中均有反映。例如，重合闸装置在断开断路器及重合的瞬间都伴随有三相电压、电流等电气量的突变[106]。

（3）电磁干扰。变电站内复杂的电磁环境会影响电气设备的工作状态，如隔离开关的操作会产生较强的电磁干扰[107]。对来自外部空间的电磁干扰，电子式互感器在设计时已充分考虑到其影响，通过屏蔽等措施予以消除。

（4）电力系统振荡。电力系统振荡引起电网电气量周期性的变化，但振荡使得电气量变化率较小，不存在电气量的突变。

由上面的分析可知，来自一次系统的故障和扰动信号会使多相互感器同时反映其信号突变情况。

对于电子式互感器突变性故障，假设：①不会有多个电子式互感器同一瞬间发生故障；②一次系统故障或扰动与电子式互感器自身突变性故障不同时发生，则当只有单一电子式互感器输出信号发生突变时，可判断为该电子式互感器异常；而当 2 个及以上电子式互感器输出信号突变时，则判别为属一次系统信号突变引起而非电子式互感器异常。

通过小波变换检测各电子式互感器输出信号是否有突变存在，并进一步获取突变点时刻；比较同一时刻是否仅有单一电子式互感器信号突变，则可确定是否有电子式互感器异常。电子式互感器突变故障诊断流程如图 2-10 所示。

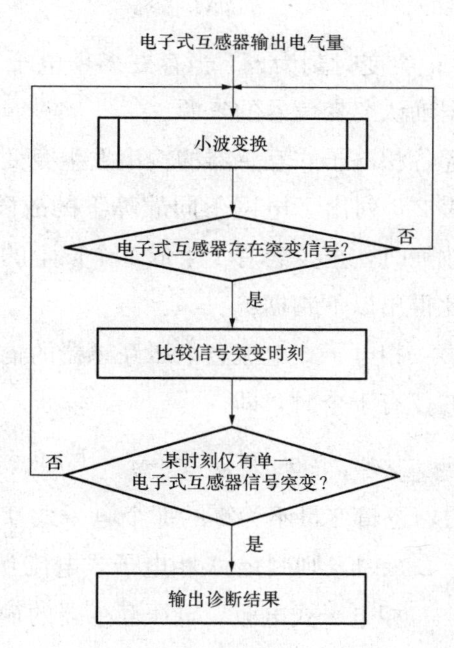

图 2-10 电子式互感器突变故障诊断流程

以 x_i 代表各电子式互感器输出的电气量（分别表示三相电流与三相电压测量值），$i=1$，…，6。对电子式互感器的诊断可按以下步骤进行：

（1）对同一时间窗内各相电流、电压测量值进行小波变换，并取其模值

$$M_i = | W_{2j} X_i | \tag{2-15}$$

式中：M_i为各电气量经小波变换后的模值。

（2）将M_i与所设报警门槛值ν（此报警门槛值根据电网正常运行下电子式互感器输出数据因随机误差而波动的小波变换模极大值）进行比较，各相电子式互感器所对应的故障特征变量为

$$L_i=\begin{cases}0, M_i \leqslant \nu \\ 1, M_i > \nu\end{cases} \tag{2-16}$$

（3）若$L_i=1$，记突变时刻为t_i。当存在多个电子式互感器出现突变信号时，由诊断判据确认突变信号的来源。

电网故障会引起各相电子式互感器的输出发生突变，通过小波变换可以检测到突变点。表 2-3 列出了电网不同故障下的故障特征变量。可见，电网发生各种类型故障时，至少会有 2 个或 2 个以上的电子式互感器同时出现奇异信号，由此得出以下判据：

（1）同一时刻，三相电子式电流、电压互感器的输出数据经小波变换后，存在奇异信号的仅有 1 个时，即

$$L_{ai}+L_{bi}+L_{ci}+L_{au}+L_{bu}+L_{cu}=1 \tag{2-17}$$

则式（2-17）中，逻辑变量不为零的那个电子式互感器可判定为出现突变性故障。例如，$L_{ai}=1$，则判定 A 相电子式电流互感器异常。

（2）同一时刻，三相电子式电流、电压互感器的输出数据经小波变换后，有 2 个或 2 个以上存在奇异信号时，即

$$L_{ai}+L_{bi}+L_{ci}+L_{au}+L_{bu}+L_{cu} \geqslant 2 \tag{2-18}$$

则可判定此次信号奇异属于一次电网故障或扰动。

表 2-3　　电网不同故障情况下的故障特征变量

故障类型	单相短路	两相短路	两相接地短路	三相短路
ΣL	$\Sigma L>2$	$\Sigma L=4$	$\Sigma L\geqslant 4$	$\Sigma L=6$

2.5.2 电子式互感信号的小波处理方法

应用小波变换对高阶奇异信号的定位功能，选择了具有相当消失矩和紧支性且经过 Bior 3 提升的第 2 代小波基 Bior 3.1，采用多尺度模极大值综合处理方法提取故障时刻。

首先，根据小波变换第 1 层细节系数枚举出存在较大模极大值的采样点；然后依次在此采样点的位置对应查看其他细节层中对应点的模极大值。如果不存在，则此点便不是信号突变点。如果存在，进一步确定此点的模极大值是否有相同的符号。如果相同，便保留下来当作信号突变点的候选点；否则，舍弃。如果在很小的区域内有多个候选点，选取位置最靠前的采样点作为信号突变时刻点。

如图 2-11 所示，在小波变换第 1 层细节系数（d_1）中，存在信号突变的点为第 999、1000、1001 个采样点，而其对应的模极大值为负值、正值、负值；第 2 层细节系数（d_2）中所对应点的模极大值为：正值、正值、负值；第 3 层细节系数（d_3）所对应的模极大值为正值、负值、负

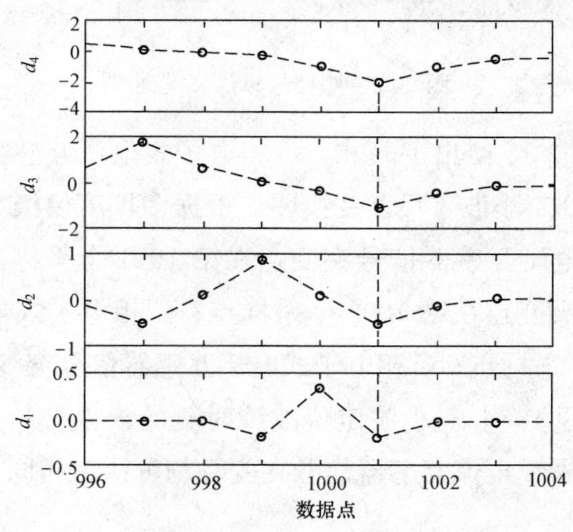

图 2-11　多尺度模极大值综合处理

值；第4层细节系数（d_4）所对应的模极大值为负值、负值、负值。依据上面所提出的多尺度模极大值综合处理方法，确定信号突变点为第1001个采样点。而仿真用阶跃信号的突变点设为第1001点，可见通过多尺度模极大值综合处理方法来寻求信号突变点具有较高的精确度。

2.5.3 仿真分析

分别进行电网故障和电子式互感器突变故障仿真，验证所提诊断方法。线路单位长度电阻和电感分别为 $R_1=0.01273\Omega/\text{km}$，$L=0.9337\text{mH/km}$，使用Matlab仿真工具，采样间隔设为0.2ms。设故障类型为BC两相短路，故障时刻设为0.2s，故障结束时间设为0.48s，采用的模型如图2-12所示。根据所设采样间隔，故障时刻为第1000个采样点。仿真后的BC相短路故障时三相电气量波形见图2-13。可以看出，在两相短路发生时，B、C相的电流、电压等电气量发生突变。

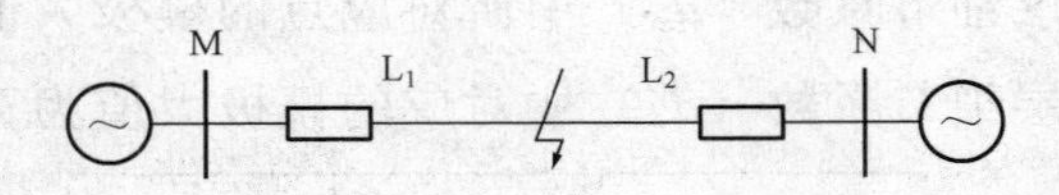

图2-12　短路故障仿真模型

图2-14和图2-15给出了B相、C相电子式电压互感器、电流互感器输出信号的Bior3.1小波4尺度变换图。根据多尺度模极大值综合处理方法，B相电子式电压互感器信号突变点在第1001个采样点；B相电子式电流互感器信号突变点在第1000个采样点；C相电子式电压互感器信号突变点在第1002采样点；C相电子式电流互感器信号突变点在第1000个采样点。由文献［108］对小波定位故障时刻的误差分析得，B相、C相电子式电压互感器、电流互感器信号突变时刻可认为相同。由此可判断奇异信号来自电网。

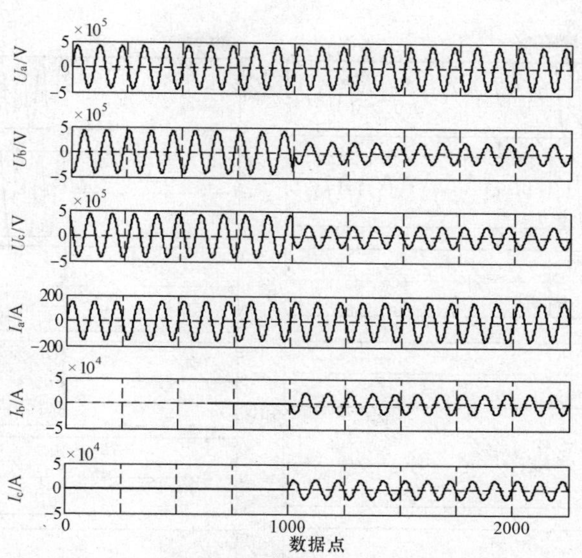

图 2-13 BC 相短路故障时三相电气量波形

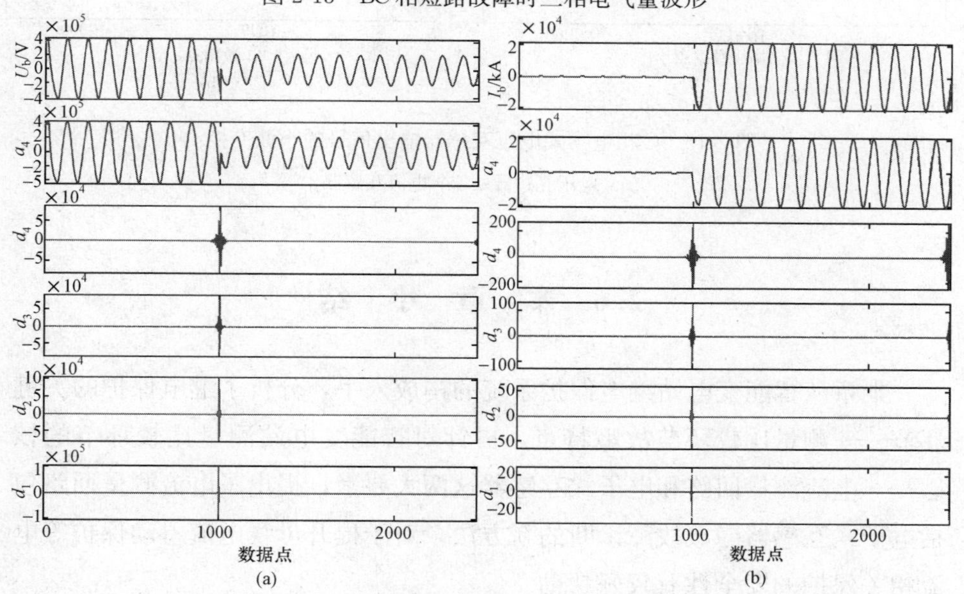

(a)　　(b)

图 2-14 B 相电子式电压互感器输出信号的小波变换

（a）电压互感器；（b）电流互感器

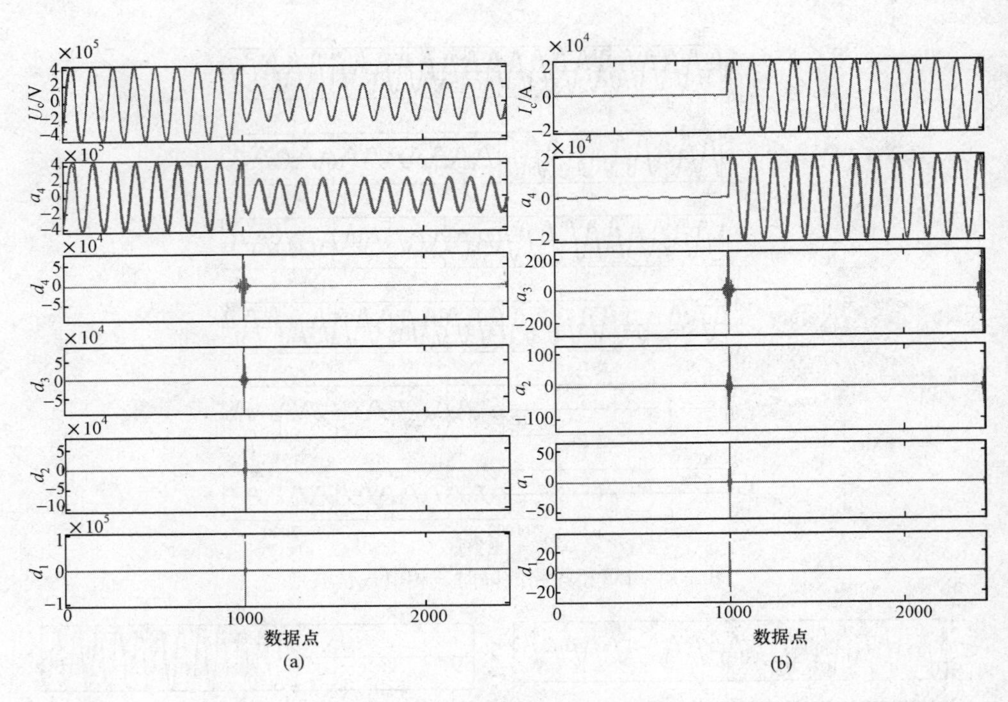

图 2-15　C 相电子式电压互感器输出信号的小波变换

(a) 电压互感器；(b) 电流互感器

2.6　本　章　小　结

本章从智能变电站继电保护系统的构成入手，分析了继电保护的关键环节——测量比较环节故障特点。再针对智能变电站测量比较环节的核心——电流测量回路和电子式互感器这两大要素，提出了电流测量回路包括电子式互感器隐藏故障诊断的新方法，对于提升母线电流差动保护等电流相关保护的安全性有较好帮助。

本章方法的核心是根据保护原理，将从电子式电流互感器到继电保护装置计算用CPU所获取数据的所有环节变换过程考虑为一个整体，将一次电流与CPU所感知的二次数字值之比定义为电流测量回路广义变比，电流回路任意环节的异常均表现为该广义变比数值的异常，通过在线辨识广义变比数值实现智能变电站电流测量回路的隐藏故障诊断。该方法仅通过软件算法即可实现，无需加装硬件装置，是一种简单高效的继电保护电流测量回路在线诊断方法。可方便集成于母线电流差动保护及站域、广域电流差动保护中，也可方便地应用于智能变电站二次回路高级诊断系统中。

互感器在变电站继电保护测量环节起着重要作用。智能变电站要求电子式互感器具有较高的可靠性水平，同时也需要一套完善的方法实现对电子式互感器的在线诊断。本章提出了基于小波的电子式互感器突变型故障诊断方法，能有效识别异常信号原因，判定电子式互感器是否发生突型故障，为提升互感器安全性从而广泛推广使用电子互感器提供了新的思路。

3

基于扰动激励响应的继电保护系统隐藏故障诊断方法

3.1 引　　言

继电保护装置的动作行为应该能反应一次系统的状态。当一次系统处于稳态运行时，电压、电流信号的大小和某些特征量不足以让继电保护装置启动，此时的状态可称为继电保护装置的静态；在静态条件下，可以对继电保护系统的测量回路进行检测和校核来发现是否存在隐藏故障；但由于继电保护装置不启动，对逻辑判断、命令出口等环节无法进行监视和故障诊断。

当电力一次系统某一个地点遭受故障或其他冲击扰动时，会引起全网的电压、电流波动，各种电气参量和非电气参量的大小及成分均可能改变，会使得多个地方的继电保护装置感受到这个扰动而启动，进入到动作条件计算及命令输出阶段，这一过程称为继电保护的动态过程。

由于电力一次系统遭受扰动后的数据量庞大，过去更多关注了故障元件所在位置的继电保护装置是否正确动作，而对于离故障元件较远的继电保护装置的动态行为则较少进行分析和评判。本章提出不仅应关注故障元件处的保护装置反应行为，还应充分利用已发生的扰动，分析那些非故障元件的保护在扰动持续过程中的反应行为，并对其中是否有隐藏故障进行分析评判，防范未来可能发生的不正确动作。

应构建继电保护系统运行状态在线评价系统，提出适合在线分析评价的通用指标与模型，建立相关标准并作为未来继电保护制造厂家继电保护装备设计的依据，这样才能最终实现继电保护系统状态监视与评价的智能化，提升继电保护状态识别的实时性，及时发现隐藏故障，大大提升继电保护系统运维智能化水平。

利用扰动信息进行继电保护隐藏故障分析具有下述优点：

（1）可诊断分析继电保护装置之间的配合关系。这包括分析评判继电保护装置动作值是否正确及多个保护之间的配合关系是否正确。

（2）可发现继电保护装置家族性缺陷。

（3）可实现对广域保护系统的诊断，提高广域保护的安全性。

本章重点解决扰动情况下大量数据的精简问题，研究如何实现对继电保护动态过程的诊断与分析评判。首先分析现有继电保护信息系统用于继电保护装置运行状态评价的缺陷，提出将继电保护系统运行状态进行分区的概念；然后从继电保护系统应具有的可靠性、选择性、灵敏性和快速性出发，分别建立表征这 4 个要求的通用精简指标集及评价模型，可作为不同类型继电保护装置实施在线运维的参考依据。

3.2 基于扰动激励响应的继电保护状态分区及隐藏故障识别原理

继电保护运行状态是指继电保护能否满足保护一次系统的能力，而继电保护运行状态评价则是对处于上岗运行的继电保护装置（系统）维持这种能力的判断。

继电保护运行状态划可按一次系统的状态分为 4 个工作区域，如图 3-1 所示。1 区为一次系统正常运行区、2 区为一次系统故障状态区；将 1 区和 2 区的过渡过程定义为 3 区和 4 区，3 区为继电保护装置反应一次系统故障的启动区，4 区为一次系统故障切除后继电保护装置回归静态的恢

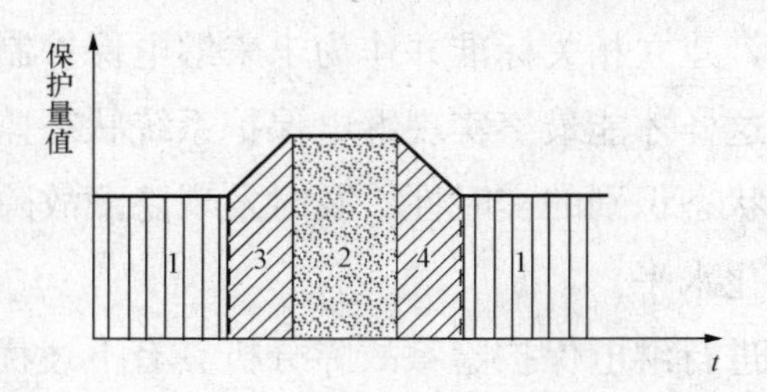

图 3-1 继电保护运行状态分区

1—正常运行区；2—故障状态区；3—故障启动区；4—故障恢复区

复区。

从继电保护的基本原理及对继电保护的要求出发，对处于上岗运行的继电保护装置进行状态评价应包含如下任务：

(1) 分析继电保护装置在 1 区不动作的可靠性（体现不误动要求），识别在 1 区可能会发生的动作（误动作）风险。

(2) 分析继电保护装置在 2 区的动作行为的正确性（体现不拒动要求），包括：

1) 各类保护对故障的反应敏感度。

2) 区外故障时的不动作可靠性或误动作风险。

3) 区内故障时动作的可靠性。

4) 作为后备的灵敏性。

(3) 分析继电保护系统在 1 区向 2 区转换（3 区）时的安全性。

(4) 分析继电保护系统在 2 区向 1 区转换（4 区）时的安全性。

在故障或扰动的冲击下，上述 4 个区域内继电保护装置的反应过程表征了这些继电保护装置应对扰动的能力[109]。

利用扰动激励响应识别各继电保护装置状态的原理如图 3-2 所示。

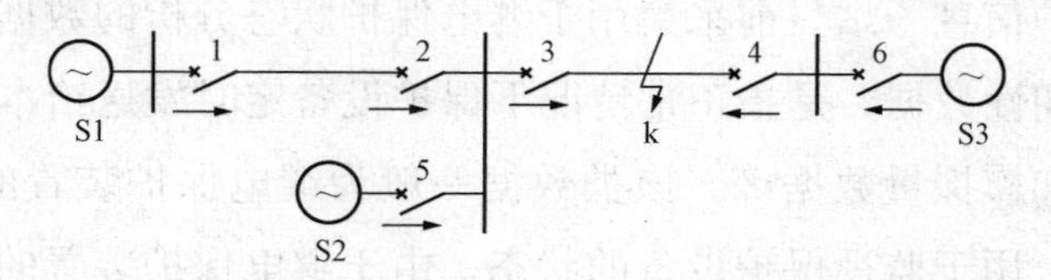

图 3-2　基于扰动激励响应的继电保护故障识别原理

图 3-2 中故障发生在保护 3 与保护 4 之间，由保护 3 与保护 4 切除故障，其他保护返回。但可利用在故障持续期间保护 1 到保护 6 之间的动作行为分析其内部反应是否满足设计要求，是否存在隐藏故障。例如，k 点故障，除保护 3、4 外，保护 1、2、5、6 均应进入故障启动区，在保护 3、4 正常动作后返回，若保护 1、2、5、6 未启动，则存在隐藏故障。

实现上述故障诊断的继电保护信息系统架构如图 3-3 所示。

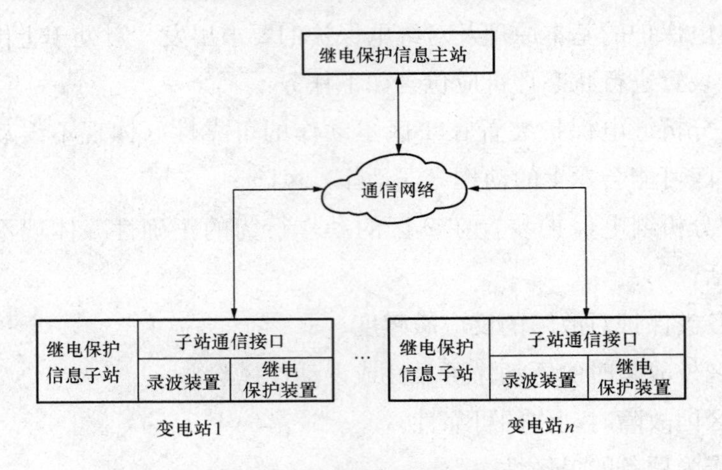

图 3-3　继电保护信息系统架构

继电保护信息系统由各调度中心的继电保护信息主站和各变电站的继电保护信息子站或故障诊断子站组成。主站收集各变电站的故障录波数据、继电保护装置动作信息及其内部自检等信息，获得继电保护装置的输入、输出信息。

继电保护信息子站目前采集用于继电保护状态分析的数据分为 2 类：

(1) 周期性数据，是指正常情况下保护设备定时发送给本地监控的开关状态信息和模拟量数据等。该类数据一般为继电保护装置的自检信息、定值信息等，用于监视保护设备的状态。由于继电保护装置的自检目前多停留在对装置部分硬件的完好性监视方面，此类信息不能用于预测继电保护装置在下一次系统扰动中的反应行为。

(2) 事件驱动数据，是指在一次系统扰动情况下上传的动作信息和波形数据。对于较大故障或扰动，顺序动作的事件数较多，系统不经过就地分析的过程，直接将采样点波形完全储存、上送。由故障或扰动驱动的数据，其采样密度远高于无扰动期间，每个变电站的数据量均十分庞大。

一次系统扰动期间，利用录波数据分析保护性能的流程如图 3-4 所示。

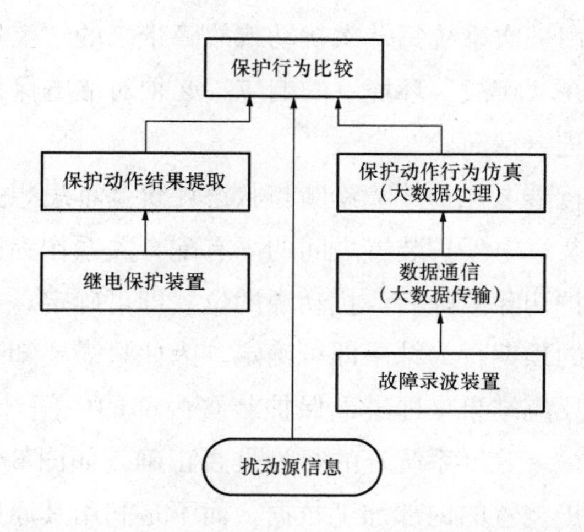

图 3-4　基于扰动数据的继电保护装置动态行为分析流程图

由于电力系统规模庞大，每条输电线路、变压器、母线等一次设备均装设了多套继电保护装置，对所有继电保护装置进行状态分析所需的数据量巨大，并且会占用大量的通信通道、消耗大量的人工或计算机分析处理时间。

故障录波通常记录故障前 5 个周波、故障后 10 个周波的数据。以单条线路为例，记录三相电流电压及零序电流电压波形数据，时间窗 12 个周波。以智能变电站每周波 80 点采样计算，需要的数据为 8 个量×12 周波×80 点×2 个字节＝15360 字节。

随着启动录波的条件越来越宽，采集、储存的波形也会越来越密集，录波器单次单台录波器所录波形可能达到十几 Mb[110]。

由上可见，一次系统故障将触发产生海量的故障波形数据，利用这些海量数据作为输入去分析数千套继电保护装置的性能，将是一件难以完成的工作。由于此原因，目前对故障后的继电保护装置性能分析往往仅局限于故障设备的保护装置，并未充分利用故障扰动信息去分析评价非故障元件的保护。

为了充分利用一次系统每一次扰动或故障带来的“宝贵”激励，评价各继电保护装置在“实战”环境下的响应，必须对继电保护状态评价所依赖的数据和流程进行精简。

基于扰动进行继电保护故障诊断与状态评价基本思想是利用一次系统的固有连接关系及继电保护装置之间的固有配合关系作为已知条件，当故障区域的继电保护切除故障后，扰动源的位置即可确定，系统中任意位置的继电保护装置的预期行为结果即可确定。因此只需要知道各继电保护装置对这一扰动的反应结果（即继电保护装置内部的中间计算结果），就可对比分析继电保护装置（系统）的行为是否正确，如图 3-5 所示。这种方法利用了继电保护装置的内部加工数据，而不是利用其原始的波形输入数据，因此数据量大大降低。

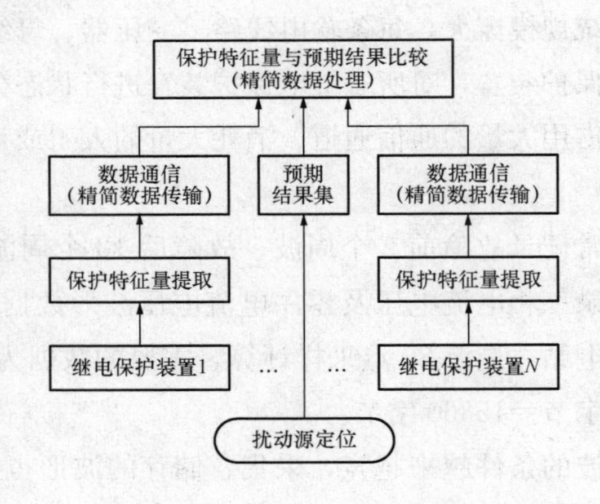

图 3-5　基于扰动数据的继电保护系统状态分析

如图 3-6 所示，当保护 M 与保护 N 之间的线路 M 侧故障时，保护 M、N 动作切除故障，保护 1 后备保护的第 1 段测量值应在其动作区外，

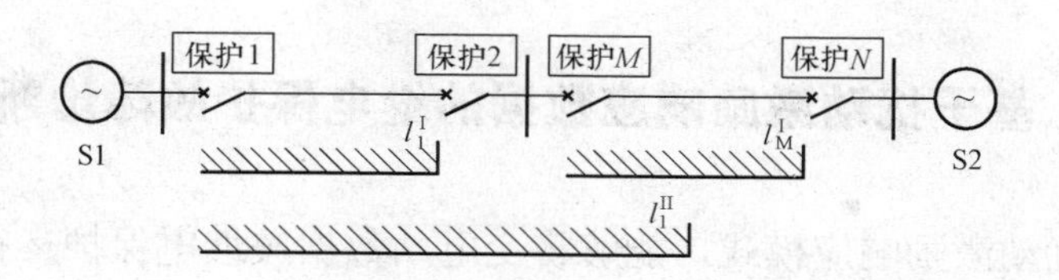

图 3-6 继电保护装置相互关系示意

而其第 2 段测量值则应在动作区内。可直接读取保护 1 的测量值与整定值，观察其是否符合前述规则，而不需要读取保护 1 的电流电压波形来分析。这样大大减少了用于保护分析的数据量。

按上述思路进行继电保护状态分析时，数据流的逻辑关系如图 3-7 所示。数据传输和数据处理均是基于特征量的精简数据。与目前的基于故障录波数据的分析处理模式相比，从基于波形全数据的分析比较［图 3-7 (a)］变成了基于精简数据的相对比较［图 3-7 (b)］。

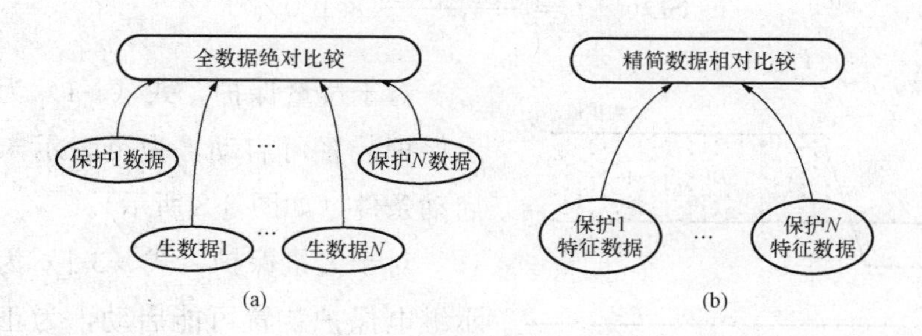

图 3-7 数据流逻辑关系

(a) 目前分析方法；(b) 本章方法

事实上，评价继电保护状态不仅要看其是否动作，还要观察其反应故障的速度与灵敏度，更要评价其在不同运行环境下的可靠性，因此继电保护装置内部特征量的选取方法应简单、有效，有必要提出一组能完整反应继电保护状态的精简数据指标集。

3.3 基于扰动激励响应数据的继电保护故障诊断指标

基于扰动激励响应模式，能够将变电站数据按继电保护运行评价功能要求进行精简，以获取能够用于继电保护运行状态评价的精简指标集。

为此，本章从继电保护的动作原理出发，建立如下可量化、数值型精简指标体系。

(1) 反映继电保护动作可能性的指标。

定义 1：启动距离 SD，指继电保护装置测量值与继电保护装置启动值之间的相对差异。

设 F_{sm} 表示继电保护装置测量值，F_{ss} 表示继电保护装置启动值，则启动距离为

$$SD(\%)=\frac{F_{sm}-F_{ss}}{F_{ss}}\times 100\% \tag{3-1}$$

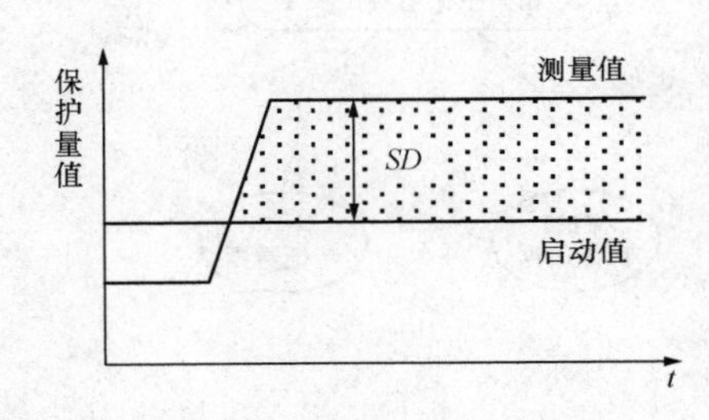

图 3-8 继电保护启动距离

对于过量保护，式 (3-1) 为正表示保护装置可启动，为负表示未达到启动条件（如图 3-8 所示）。

对于欠量保护，式 (3-1) 为负表示继电保护装置可能启动，为正则表示未达到启动条件。

在一次系统正常无故障情况下，启动距离反映了保护测量值或测量噪声的相对大小；在一次系统存在扰动情况时，反映了保护装置启动元件的灵敏度。

定义 2：动作距离 OD，指继电保护测量值与保护动作边界之间的相对差异。

设 F_{sd} 表示继电保护装置的动作值，动作距离为

$$OD(\%)=\frac{F_{sm}-F_{sd}}{F_{sd}}\times 100\% \tag{3-2}$$

对于过量保护，式（3-2）为正表示继电保护装置可动作，为负表示未达到动作条件（如图 3-9 所示）。

对于欠量保护，式（3-2）为负表示继电保护装置可动作，为正表示未达到动作条件。

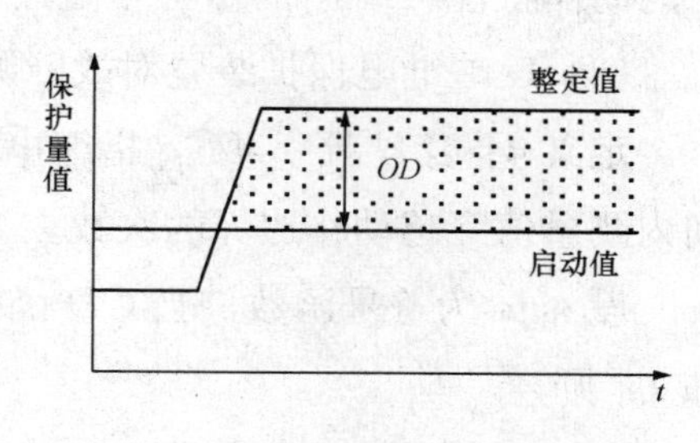

图 3-9　继电保护动作距离

由于动作距离是一个相对值，且在每个继电保护装置内部可以计算生成，因此上传至保护评价系统后可仅用这一个指标即可评估保护是否达到动作条件。更重要的是可以判断与动作边界的远近，由此可量化评价保护动作的可能性。

对于不同的继电保护装置，具有不同的动作边界，因此其动作距离应是测量值与边界的最小距离。如果测量值是矢量，动作距离则是测量矢量与动作边界之间的距离矢量的模值。

（2）反映继电保护动作速度的指标。

定义 3： 启跳时间 T_{so}，指从继电保护装置启动元件动作到保护发出跳闸命令的时间。

设保护启动时刻为 T_s，保护发出跳闸命令的时刻为 T_o，则保护启跳时间为

$$T_{so}=T_o-T_s \tag{3-3}$$

启跳时间反映了继电保护装置从启动到发出跳闸命令之间过程的长短，可用于判断继电保护算法、时间设定值是否合理等。对于要求快速切除故障的主保护，启跳时间主要受保护判据计算过程的影响；对于与相邻线路配合的后备保护，除判据计算过程影响外，还要考虑时间配合的问题。由于指标的计算是由继电保护装置内部的时钟确定，因此与继电保护

装置是否有统一的时钟同步系统无关，无需建立统一的时钟基准来分析保护的动作特性。

（3）反映继电保护装置对故障测量的灵敏度指标。

定义 4： 穿越频率 TF，指继电保护装置在从保护启动到故障恢复时间内测量值穿越动作边界的次数。

设 sign 为符号函数，当 OD 函数由正到负或由负到正时，sign(OD) 加 1，则

$$TF = \Sigma \operatorname{sign}(OD) \tag{3-4}$$

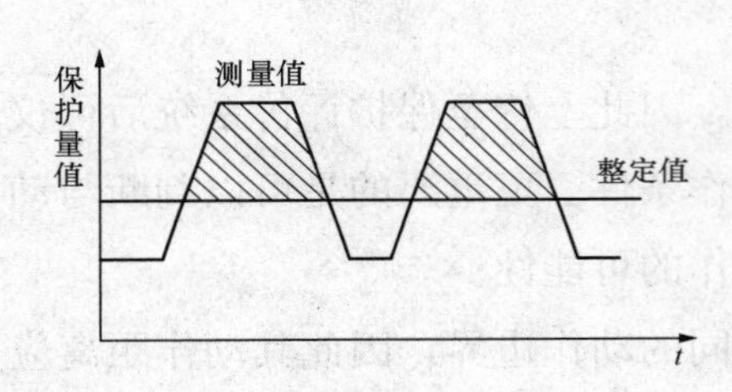

图 3-10　继电保护穿越频率

穿越频率表现了继电保护装置对故障的反应灵敏度，如图 3-10。当保护可靠反映故障时，穿越频率很低；反之，当保护测量值处于动作边界时，穿越频率则较高。

定义 5： 穿越时间 T_{si}，指从保护启动到装置第一次越过整定值之间的时间差。

设保护装置测量值第一次大于整定值的时刻为 T_i，则穿越时间为

$$T_{si} = T_i - T_s \tag{3-5}$$

穿越时间反映了继电保护装置信号采集、A/D 转换、测量值计算的灵敏度，算法越灵敏，穿越时间越小。

定义 6： 动作区持续时间 T_{ip}，指继电保护装置测量值进入动作区内并维持在动作区内的时间。

设系统故障期间继电保护装置测量值越过边界后第一次低于返回值的时刻为 T_p，则动作区持续时间为

$$T_{ip} = T_p - T_i \tag{3-6}$$

定义 7： 跳闸回路动作时间 T_{op}，设继电保护装置发出跳闸命令的时

间为 T_o，则从保护发出跳闸命令到断路器断开、保护测量值第一次低于返回值的时间 T_p之间的差

$$T_{op} = T_p - T_o \tag{3-7}$$

T_{op}反映了跳闸回路的特性，包括跳闸命令的接收时间与断路器的动作时间。对于通过智能 IED 接口的断路器，跳闸命令的接收处理环节是新增加的环节。

上述所列的继电保护状态评价精简指标，可用于反映继电保护装置在一次系统出现扰动激励时的动作行为，与保护原理和类型无关，可由制造商在保护软件设计中轻易完成，如图 3-11 所示。

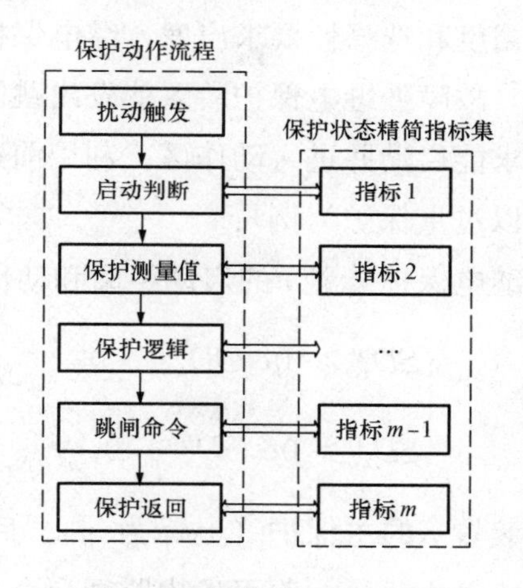

图 3-11　精简信息产生流程

需要指出的是，这些指标计算所依据的数据均是继电保护装置自身计算所产生的，不会带来附加的过多的计算量。以电流保护动作距离指标的计算为例，其电流测量值保护装置计算得到整定值已存储于存储器中，仅需按式（3-2）简单计算即可得到。目前已投运微机继电保护装置无法直接运用上述方法，只能在软件升级时实现。而新建智能变电站或新开发的保护装置则可方便地仅靠增加软件模块获得前述精简指标数据。

3.4 基于扰动激励指标数据的继电保护故障诊断与运行状态评价方法

继电保护系统的运行状态评价是利用一次系统故障前和故障后的信息，对保护的动作行为进行评判的过程。目的在于识别继电保护系统内有无隐藏故障、有无整定错误、性能是否达到设计要求。

3.4.1 继电保护系统可靠性评价

从切除故障的充裕度和选择性要求出发，继电保护系统的可靠性表现在当一次系统故障后，故障处继电保护装置能发出跳闸命令，而相邻非故障元件的后备保护要求能启动并进入动作区。利用前述精简指标，只需做如下逻辑判断即可（以过量保护为例）：

（1）故障元件的继电保护装置 i 的启动距离和动作距离满足

$$\begin{cases} SD_i^m > 0 \& OD_i^m > 0 \\ SD_i^b > 0 \& OD_i^b > 0 \end{cases} \tag{3-8}$$

此时，继电保护装置 i 的主保护（上标为 m）、后备保护（上标为 b）的启动距离和动作距离都大于零，都可发出跳闸命令。

（2）相邻非故障元件（近电源侧）保护装置 $i-1$，其动作距离需满足

$$OD_{i-1}^m < 0 \& OD_{i-1}^b > 0 \tag{3-9}$$

即保护装置 $i-1$ 的主保护动作距离（OD_{i-1}^m）小于零，后备保护（远后备）的动作距离（OD_{i-1}^b）大于零，可提供相邻元件故障后的远后备保护。

（3）远离故障元件保护装置的主保护动作距离需满足

$$OD_{i-2}^{m},OD_{i-3}^{m}\cdots,OD_{1}^{m}<0 \tag{3-10}$$

电力系统各继电保护装置处于可靠运行状态是式(3-8)～式(3-10)成立的充分条件。因此式(3-8)～式(3-10)不成立则继电保护装置可能存在隐藏故障，用图 3-12 所示的文氏图表示。

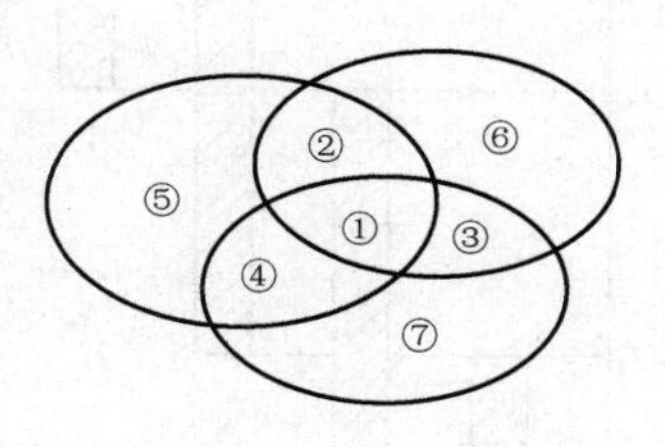

图 3-12　文氏图

图 3-12 中，各区域表示的含义为：

区域①[满足式(3-8)～式(3-10)]，系统内各保护设备正常运行。

区域②[满足式(3-8)、式(3-10)，不满足式(3-9)]，相邻继电保护设备可能存在主保护误动作或后备保护拒动作。

区域③[满足式(3-9)、式(3-10)，不满足式(3-8)]，故障元件保护设备可能拒绝动作。

区域④[满足式(3-8)、式(3-9)，不满足式(3-10)]，远离故障元件的继电保护设备可能存在误动作。

区域⑤[仅满足式(3-8)，不满足式(3-9)、式(3-10)]，非故障元件继电保护设备可能存在误动作。

区域⑥[满足式(3-10)，不满足式(3-8)、式(3-9)]，故障元件与故障相邻元件保护可能存在隐藏故障。

区域⑦[满足式(3-9)，不满足式(3-8)、式(3-10)]，故障元件保护与远离故障元件保护可能存在隐藏故障。

3.4.2　继电保护系统快速性评价

图 3-13 示出继电保护装置的穿越时间、启跳时间、动作区持续时间和跳闸回路动作时间的关系，T_s时刻保护元件启动，T_i时刻保护元件测量值超过动作整定值，T_o时刻保护元件发出跳闸命令，T_p时刻保护元件

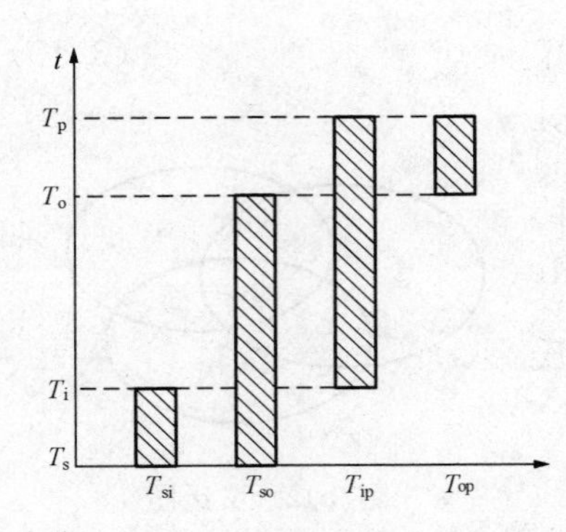

图 3-13 继电保护快速性评价

测量值低于返回值（保护返回）。

图 3-14 和图 3-15 分别示出故障元件主保护、后备保护及相邻非故障元件远后备保护的 4 个继电保护状态时间指标的数量关系。

DL/T 559—2007《220kV～750kV 电网继电保护装置运行整定规程》规定主保护的整组动作时间应约束在一定时间 T_{gc} 内，考虑到通道时间对 220kV 线路近端故障 $T_{gc} \leqslant 20$ms，对远端故障 $T_{gc} \leqslant 30$ms。

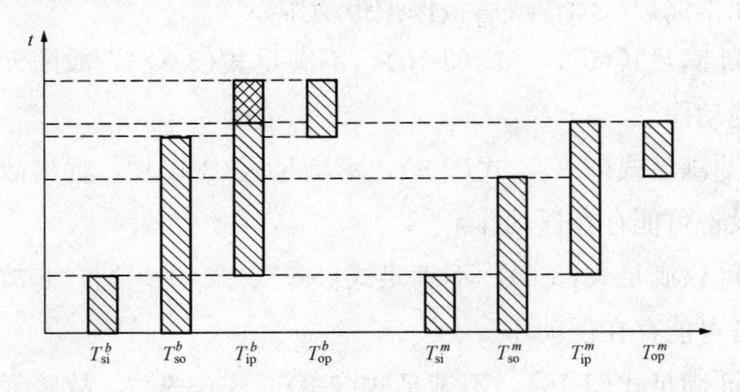

图 3-14 故障元件主保护和后备保护的快速性评价

满足快速性要求则需满足

$$T_{so}^{m} \leqslant T_{gc} \quad (3\text{-}11)$$

由图 3-14 和图 3-15 可知，当主保护（后备保护）正确动作时，后备保护（相邻非故障元件的远后备保护）的动作区持续时间和主保护的动作区持续时间接近；当主保护（后备保护）无法正确动作时，后备保护（相邻非故障元件的远后备保护）的动作区持续时间应满足相关规定要求，否则无法满足继电保护装置快速性要求。

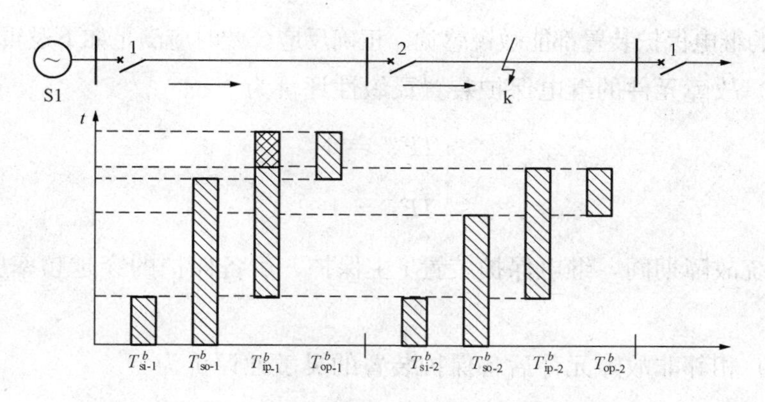

图 3-15　后备保护快速性评价

3.4.3　继电保护系统选择性评价

以过量保护为例，为保证继电保护选择性要求，除满足可靠性要求外［式(3-7)～式(3-9)］，还需要满足时间配合的要求：

（1）对于故障元件的继电保护装置，满足后备保护的启跳时间大于主保护

$$T^b_{so_i} > T^m_{so_i} \tag{3-12}$$

（2）相邻非故障元件的继电保护装置，相邻后备保护若动作，其启跳时间应大于故障元件的后备保护启跳时间

$$t^b_{so_{i-1}} > T^b_{so_i} \tag{3-13}$$

（3）远离故障元件的继电保护装置，相应继电保护装置的主保护 T_{si} 应等于无穷大，即不越过整定值，后备保护的 T_{so} 应等于无穷大，即不发跳闸命令。

3.4.4　继电保护系统灵敏性评价

根据电力系统继电保护灵敏性的要求，当系统故障时故障元件和相邻故

障元件的继电保护装置都能敏锐感觉、正确反应。此时应满足如下逻辑判断：

（1）故障元件的继电保护装置灵敏性评价为

$$\begin{cases} TF_i^m = 1 \\ TF_i^b = 1 \end{cases} \tag{3-14}$$

系统故障期间，继电保护装置 i 主保护、后备保护的穿越频率应大于等于 1。

（2）相邻非故障元件后备保护装置的灵敏性评价为

$$TF_{i-1}^b = 1 \tag{3-15}$$

继电保护装置 $i-1$ 的后备保护在故障发生后应保持为大于等于 1。

（3）远离故障元件后备保护装置的灵敏性评价为

$$OD_{i-2}^b > OD_{i-3}^b > L > OD_1^b \tag{3-16}$$

远离故障元件继电保护设备的后备保护离故障元件越远，动作距离越小（过量保护），灵敏性越差。

3.4.5 跳闸回路完好性评价

故障元件继电保护装置的跳闸回路动作时间（T_{op}）越小，断路器跳闸回路动作速度越快。

如图 3-16 所示，比较各继电保护装置的跳闸回路的历史动作时间，可以得到各跳闸执行回路的时间差异，可由此判断断路器跳闸回路是否存在隐藏故障。

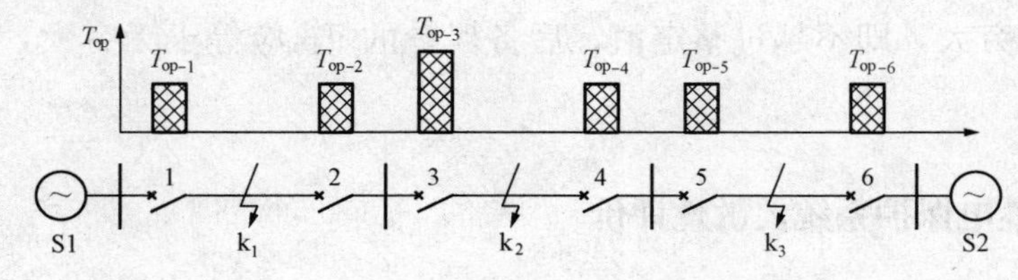

图 3-16　不同保护装置跳闸回路动作时间差异

3.5　仿　真　算　例

图 3-17 为系统仿真接线图。仿真算例采用的线路参数为单位长度的正（负）序阻抗 $Z_{L1}=0.035+j0.423\Omega/km$，零序阻抗 $Z_{L0}=0.3+j1.143\Omega/km$；各个母线之间都为长 100km 的线路，A 侧系统电压 $\dot{E}_A=230\angle 30^\circ$ kV，B 侧系统电压 $\dot{E}_B=220\angle 0^\circ$ kV，两侧系统电源参数均为 $Z_{S0}=9.186+j43.354\Omega$。

该系统距离保护 1 段整定值按全线路阻抗的 85％整定，距离保护 2 段整定值按式（3-17）整定，其中 $K_{rel}^{\mathrm{II}}=0.8$。

$$Z_{CB1}^{\mathrm{II}}=K_{rel}^{\mathrm{II}}(Z_{\mathrm{I}2}+Z_{CB3}^{\mathrm{I}}) \tag{3-17}$$

经计算，距离保护 CB1 的Ⅰ段阻抗整定值 36.08Ω，2 段阻抗整定值 62.82Ω，距离保护 CB3 的Ⅰ段阻抗整定值 36.08Ω。

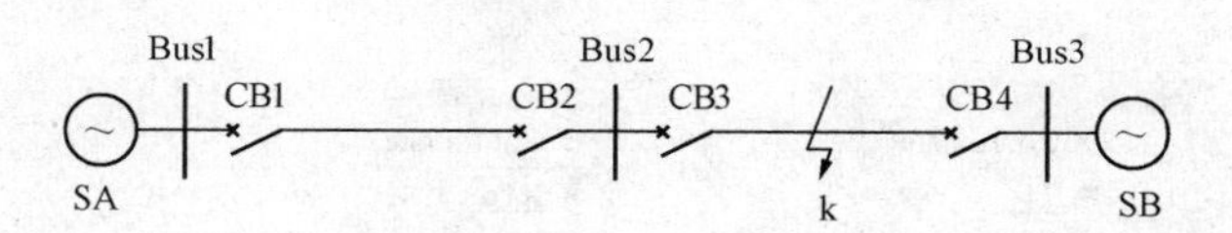

图 3-17　系统仿真系统接线图

故障发生在 $t=0.5$s，故障时间 0.5s，故障类型为三相金属性短路，设置在距离母线 2 的 80km 和 43km 处，以 PSCAD 中 Random 模拟隐藏故障对测量回路带来的干扰。

采用傅立叶算法提取故障期间的基波分量进行测量阻抗的计算，并求取动作距离，用于判断保护是否存在隐藏故障。

1. 线路 Bus2-Bus3 距离保护Ⅰ段边界故障时扰动激励反应分析

设系统在 $t=0.5$s，距离母线 Bus2 靠近 B 侧系统 80km 处发生三相金属性接地短路，故障持续 0.5s。图 3-18 中，保护 CB1 测得的短路阻抗约为6.2+j75.6Ω，接近线路实际阻抗6.3+j76.14Ω。将CB1内部中设置隐藏故障，图3-19所示为有无隐藏故障对距离保护CB1测量阻抗的影响，其中，粗线代表无隐藏故障下的测量阻抗，细线代表有隐藏故障下的测量阻抗，纵轴代表电抗变化，横轴代表电阻变化。

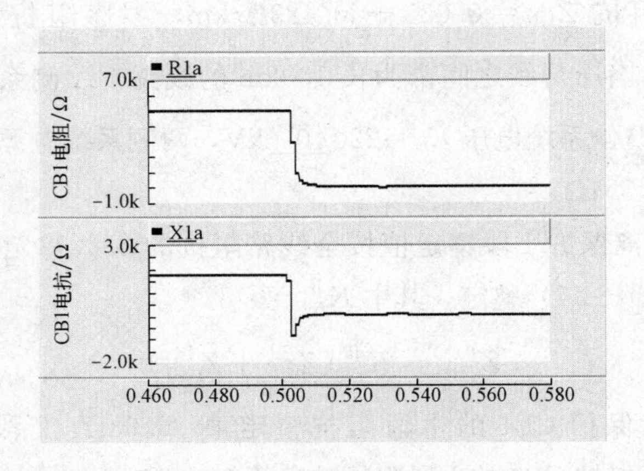

图3-18 距离保护元件CB1测量阻抗变化情况

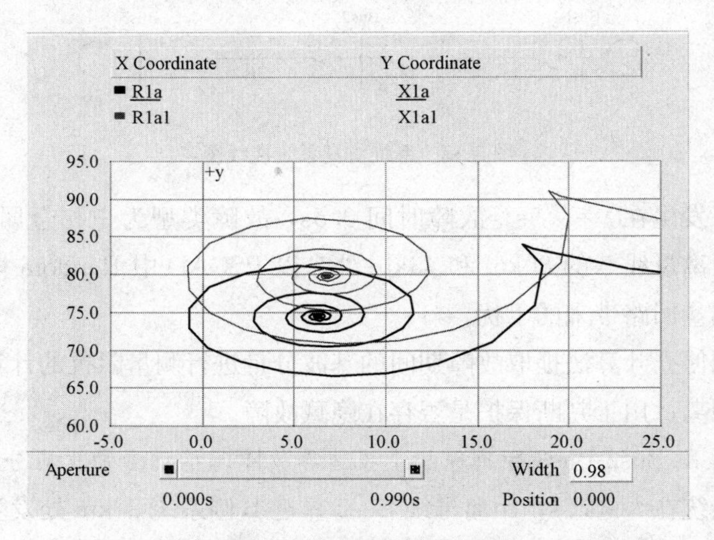

图3-19 有无隐藏故障下保护CB1测量阻抗变化情况

图 3-20 中，保护 CB3 测得的短路阻抗约为 2.9+j33.81Ω，接近线路实际阻抗 2.8+j33.84Ω。将 CB3 内部中设置隐藏故障，图 3-21 所示为有无隐藏故障对距离保护 CB3 测量阻抗的影响，图中粗线代表无隐藏故障下的测量阻抗，细线代表有隐藏故障下的测量阻抗。

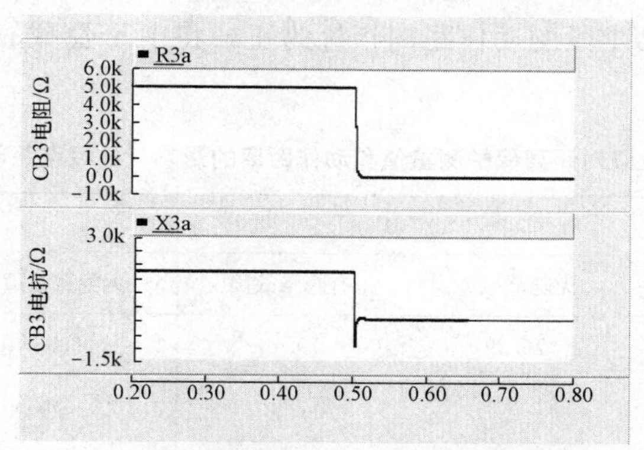

图 3-20　距离保护元件 CB3 测量阻抗变化情况

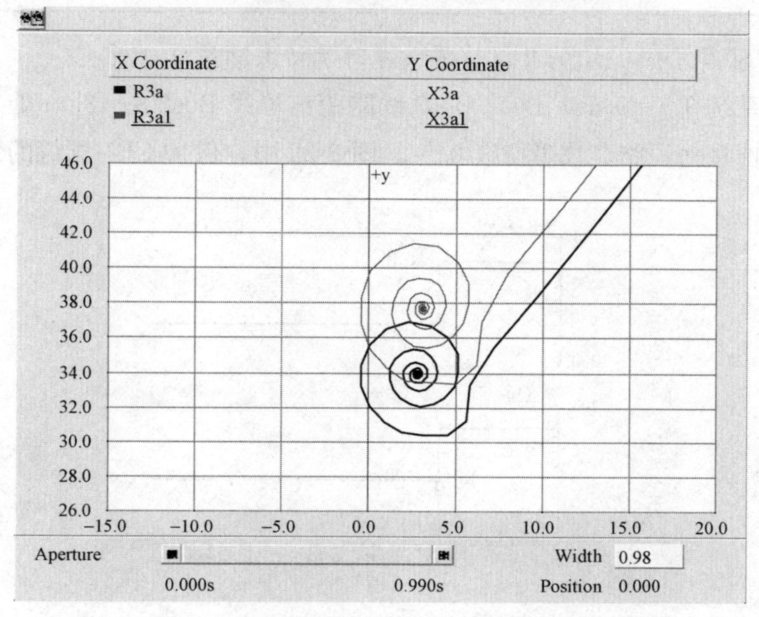

图 3-21　有无隐藏故障下保护 CB3 测量阻抗变化情况

距离保护属于欠量保护，动作距离为负表示保护装置可能动作，为正表示未达到动作条件。在距母线 2 约 80km 处发生三相金属性接地短路，距离保护测量值和动作距离见表 3-1。当 CB3 保护没有隐藏故障时，CB3 距离保护能够可靠动作；当系统有隐藏故障时，计算得到的 CB3 距离保护第 1 段的动作距离指标为正，将由于隐藏故障带来的误差而产生拒动。

表 3-1　隐藏故障对距离保护测量值和动作距离的影响（故障点距母线 2 为 80km）

	CB1		CB3	
	无隐藏故障	有隐藏故障	无隐藏故障	有隐藏故障
距离保护测量值	76.39	79.13	33.95	37.86
动作距离 *OD*	21.60%	25.96%	−5.90%	4.93%
动作情况	不动作	不动作	动作	拒动

2. 距离保护 CB1 的Ⅱ段边界故障时扰动激励反应分析

设系统在 $t=0.5$s，Bus2-Bus3 线路距离母线 Bus2 的 43km 处发生三相金属性接地短路，故障持续 0.5s。图 3-22 中，保护 CB1 测得的短路阻

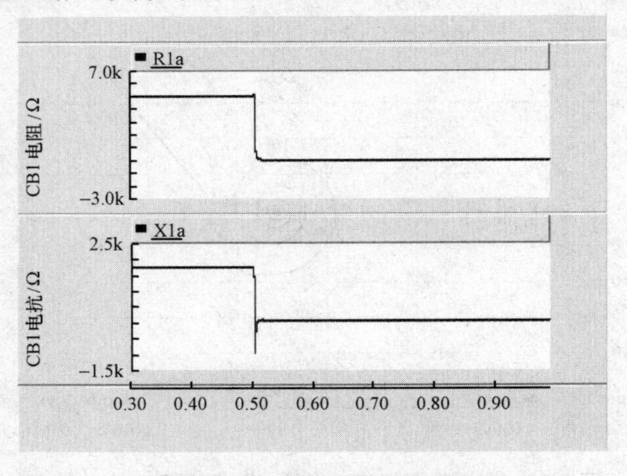

图 3-22　距离保护元件 CB1 测量阻抗变化情况

抗约为 5＋j60.3Ω，接近线路实际阻抗 5.005＋j60.49Ω。将 CB1 内部中设置隐藏故障。图 3-23 所示为有无隐藏故障对距离保护 CB1 测量阻抗的影响。

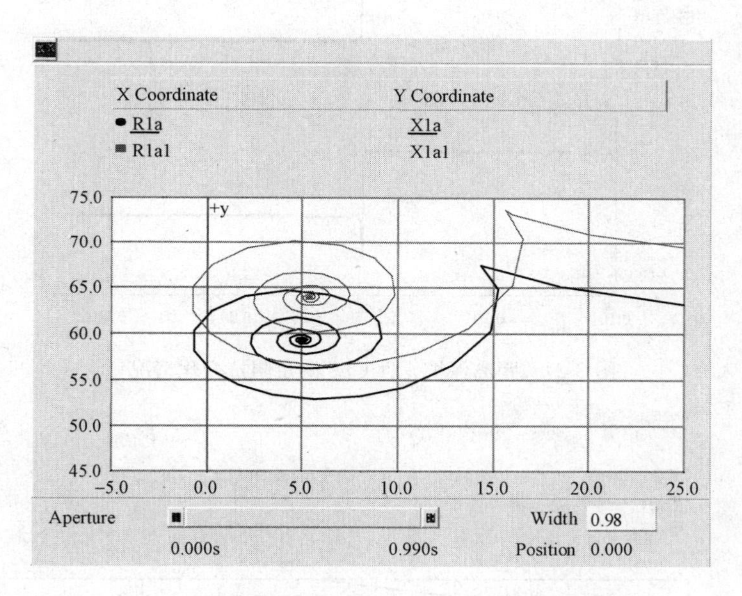

图 3-23　有无隐藏故障下保护 CB1 测量阻抗变化情况

图 3-24 中，保护 CB3 测得的短路阻抗约为 1.5＋j18.1Ω，接近线路实际阻抗 1.505＋j18.189Ω。CB3 内部中设置隐藏故障，图 3-25 所示为有无隐藏故障对距离保护 CB3 测量阻抗的影响，图中粗线代表无隐藏故障下的测量阻抗，细线代表有隐藏故障下的测量阻抗。

距离保护测量值和动作距离见表 3-2。当系统有无隐藏故障时 CB3 保护 1 段均能够可靠动作，但当 CB3 由于故障拒动时，CB1 保护 2 段会由于存在隐藏故障而产生拒动的可能。

由此可见，采用动作距离这一简单的指标即可发现保护的测量环节是否正确，无需大量波形数据的分析表较和传输。

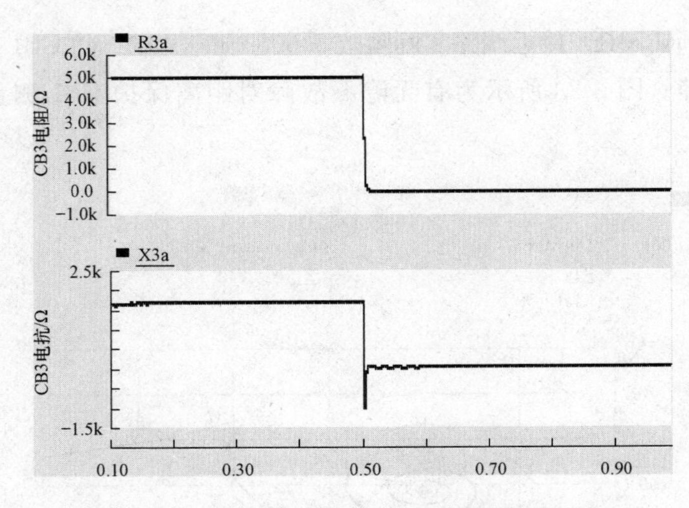

图 3-24　距离保护元件 CB3 测量阻抗变化情况

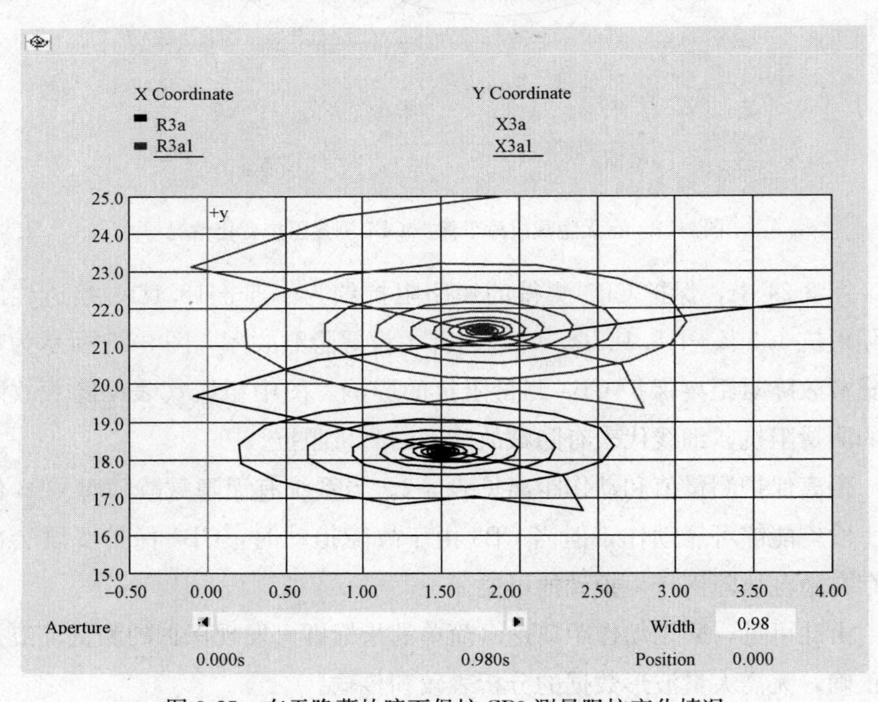

图 3-25　有无隐藏故障下保护 CB3 测量阻抗变化情况

表 3-2 隐藏故障对距离保护测量值和动作距离的影响（故障点距母线 2 为 43km）

	CB1		CB3	
	无隐藏故障	有隐藏故障	无隐藏故障	有隐藏故障
距离保护测量值	60.69	63.58	18.25	21.14
动作距离	−3.39%	1.21%	−49.41%	−41.41%
动作情况	动作	拒动	动作	动作

3.6 本章小结

传统的智能变电站继电保护隐藏故障诊断通常是在静态条件下，对继电保护系统的测量回路进行检测和校核来发现是否存在隐藏故障；但继电保护装置不启动时，对其逻辑判断、命令出口等环节无法起到监视和故障诊断作用。电力系统发生故障时，遭受扰动后记录的数据量庞大，仅关注故障元件的继电保护装置是否正确动作不能全面反映继电保护的动态行为。因此，本章提出受扰动激励下的继电保护系统隐藏故障诊断方法，通过分析已发生的扰动来评判系统是否存在隐藏故障，为防范继电保护不正确动作提供了依据。

电力系统任意位置发生扰动后，扰动点相邻多个地点的继电保护装置会对扰动做出反应。对这些保护装置在扰动激励下的反应行为进行评价，可获取这些继电保护装置的运行状态，发现隐藏故障。

本章首先将继电保护系统运行状态分为多个区域，由此提出了这些区域中识别隐藏故障的原理，分别从保护的可靠性、选择性、灵敏性、快速性要求出发，提出了启动距离、动作距离、穿越频率、穿越时间等反应继电保护在扰动激励下动作行为的 7 个特征量指标，可满足继电保护运行状态的在线评价要求；精简指标无需各变电站数据同步，指标计算仅使用继电保护装置内部中间计算结果即可，计算量小，不影响保护装置故障分析处置功能。

然后，利用这些数据指标，建立基于扰动激励的继电保护隐藏故障诊断方法，从继电保护的4个特性要求和跳闸回路的完整情况来进行故障诊断，并给出实际算例，证明方法的可行性。该方法能够诊断出保护之间的配合关系、发现继电保护装置存在的问题和缺陷，并有助于提高广域保护的安全性、实现继电保护系统状态监视与评价的智能化，提升继电保护状态识别的实时性，及时发现隐藏故障，大大降低继电保护状态分析对人力资源的依赖。

4

智能变电站环境下的继电保护系统失效重构方法

4.1 引 言

智能电网要求电力系统应具有以下几个特点：①自愈和自适应；②安全稳定和可靠；③兼容性；④经济协调，优质高效；⑤与用户友好互动[111,112]。其中自愈和自适应要求可以实时掌控电网运行状态，在尽量少的人为干预下，实现快速隔离故障、自我恢复，避免大面积停电的发生。

当继电保护故障诊断系统发现存在故障隐患时，目前采取的措施是派人去现场处理，隔离并维修故障设备，目标是尽快修复故障设备，恢复对一次系统的保护功能。工程实际表明，继电保护装置的维修往往要求停电进行，将影响电网的可靠性。

能否在发现继电保护装置故障隐患后进行故障元件自动隔离并运用硬件冗余资源实现功能转移和重构，将是改变继电保护系统运行检修模式、提升电网运行可靠性的重要技术措施。事实上，为适应电力系统的发展要求，继电保护系统在提高自身适应能力的研究方面已进行了大量研究。自适应保护在20世纪80年代被提出，主要目标是根据电力系统运行方式、拓扑结构和故障类型的变化而实时改变保护性能、特性或定值，以使继电保护系统尽可能地适应电力系统的各种变化，提高继电保护的灵敏性和可靠性[113-116]。已开展的关于自适应保护的研究局限于根据实际系统反馈回来的信息，重新计算和调整保护定值，只能达到有限的适应，还不能满足在部分继电保护装置失效后的功能转移。

智能变电站的体系架构决定了信息共享和功能转移的方便性，因此为开展继电保护系统重构提供了可能性。

本章对继电保护系统重构问题的提出、重构模型及方法进行了初步分析。

4.2 继电保护系统重构原理

4.2.1 继电保护系统在线重构的需求

近年来继电保护系统在通信和信息处理技术的支撑下，通过采用双重化配置带通道的电流差动和方向比较原理的继电保护装置，主网保护动作可靠性得到了很大提高，但继电保护系统仍面临的主要问题有：

（1）目前继电保护系统的结构是一种刚性结构，连接方式、保护对象、适应的网络条件均预先设定，自适应能力弱，适应一次系统的变化能力弱。

（2）继电保护系统运维方式不能满足智能运维的要求。现有继电保护系统虽然能对一些失效元件进行在线自诊断，但尚不能自动转移或恢复其功能。例如，当微机继电保护装置自检到某个芯片故障时，只能选择报警，而不能寻找替代元件。在采用双重化配置的情况下，一套继电保护装置故障不必马上停运一次设备，但继电保护系统的整体可靠性却大大下降；且也有多套继电保护装置同时出现故障而导致一次设备停运的情况。例如，直流电源系统的故障、通信通道的故障，均可能造成多套继电保护装置失效。

继电保护系统重构是指通过对继电保护元件、通信设备和链路、整定值、控制输出回路要素的调整，达到重新满足一次系统所需要的保护功能。

下面是需要继电保护系统进行重构的例子：

（1）分布式电源的接入。在图 4-1 所示配电网中接入分布式电源（DG）时，原有配电系统不再是单侧电源，在 k 点发生故障时，系统和 DG 同时向故障点提供短路电流，DG 的接入增加了流过保护 2 和保护 3

的短路电流，可能会使保护 2 处的电流速断保护范围延伸到下一条线路，从而使速断保护动作失去选择性。而当相邻馈线发生故障时，DG 提供的反向短路电流有可能导致保护 1 误动作从而中断非故障线路的正常供电。

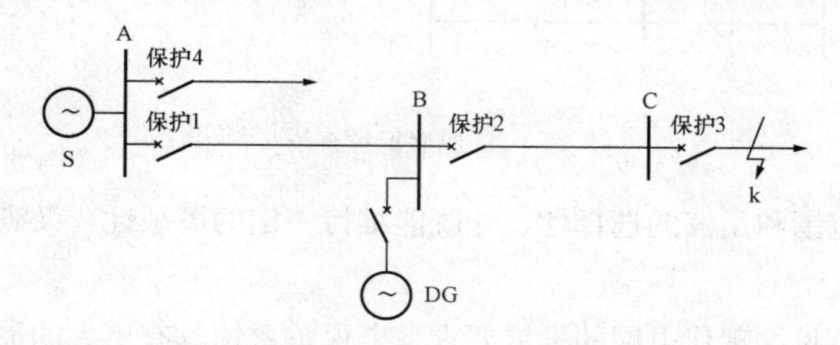

图 4-1　DG 接入对继电保护系统的影响

随着 DG 接入的位置不同，以及 DG 接入的数量不同，对原有继电保护系统的影响程度变化不一。继电保护的运行及其保护功能都要做出相应的调整以适应新的运行工况。智能电网的实现要求电网既能适应大电源的集中接入，也支持分布式发电方式友好接入，满足电力发展的要求。为确保继电保护装置的正确可靠工作，除了保护整定值的改变，保护的配置方案也要做出相应的调整，这就需要继电保护系统在分布式电源接入与否及不同的接入点位置的状态下进行重构，以保证电网运行的安全可靠与分布式电源的有效利用。

（2）继电保护信息通道失效。在图 4-2 所示系统中线路 L_1 装设了带通道的纵联保护，由 P_{11}、P_{12}、通道 T_1 组成，还装设了仅用单端信息处理的后备保护 Z_{11} 和 Z_{12}。纵联保护能区分被保护元件区内及区外故障，可瞬时切除区内故障，而后备保护则需与下一级保护配合，其保护性能取决于背端系统结构及参数的变化。

对于采用纵联原理的保护，如果遇到冰灾等突发性故障导致的通道 T_1 失效时，则需要自动寻求 P_{11} 和 P_{12} 之间的新的链路才能维持该保护功能；而对于电流原理的单端信息保护，则需要在线实时校核保护是否有足

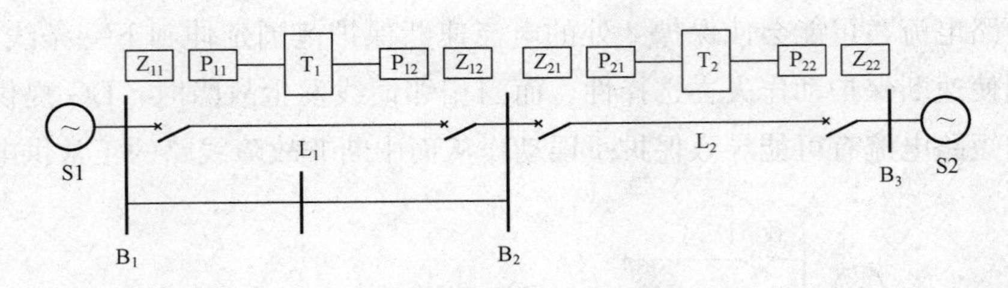

图 4-2 纵联保护系统

够的保护范围和足够的选择性，才既能维持一定的灵敏性，又满足选择性要求。

由上可见，现代电网的发展要求继电保护系统具有更大的灵活性和可靠性。与过去的自适应继电保护的内涵不同，智能电网中的继电保护在灵活性和可靠性方面应满足新的要求：

（1）改善继电保护的信息传感方式，增加继电保护的信息量，获得更加优异的保护性能。

（2）继电保护的配置自动适应电网结构的变化。

（3）继电保护的整定值自动适应电网运行方式的变化。

（4）能对继电保护元件的状态能进行在线诊断。

（5）能在继电保护元件或装置失效时，自动寻求替代元件或替代系统，以重新恢复其功能。

在智能电网中，信息获取可靠且有相当的冗余，为改变继电保护系统的刚性结构，实现可重构的柔性保护系统提供了基本条件，因此实现继电保护系统的重构功能将成为可能。

4.2.2 继电保护系统重构通用模型

继电保护系统重构模型如图 4-3 所示。

根据继电保护系统的组成，可将传统的继电保护系统划分为不同的功能元件的集合，例如，可将继电保护系统分解为互感器、信息通道、测量

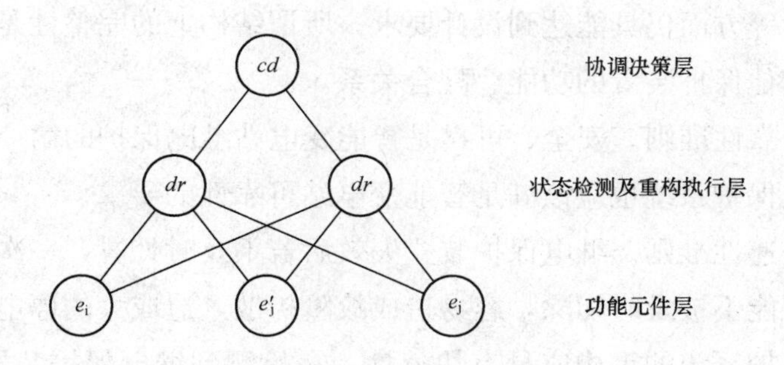

图 4-3　继电保护系统重构模型

及比较元件、执行元件、操作电源等功能元件。变电站的继电保护功能元件的集合定义为继电保护重构所需的功能元件层。

状态检测及重构决策层由信息采集及分析决策计算机构成，主要完成对各个继电保护元件的状态信息采集，根据所收集的信息进行状态诊断，由此确定故障或异常元件、并确定其替代元件等重构方案，再将重构命令下达给各功能元件。本层可设置在变电站内或按电网的拓扑结构设置多个区域决策处理中心。

大多数情况下，区域决策处理中心的计算机可满足本区域的继电保护系统重构决策要求，当涉及跨区信息时，可由协调决策层的计算机进行信息交换并进行协调。

对任意元件 e_j 总可以找到（或设置）替代元件 e'_j。当监测到 e_j 失效时，通过协调决策层分析，由状态检测及重构执行层实现对 e_j 的替代，达到继电保护系统重构的目的。

4.2.3　继电保护系统的重构准则

（1）完整性准则。对失效的继电保护系统进行重构，首先必须保证重构后的继电保护系统在功能和结构上完整。所谓功能上的完整是指不因重构损失原继电保护系统配置的主保护、后备保护功能，且在保护的动作速度、灵敏性等方面仍具能达到设计要求；所谓结构上的完整性是指不因重构而影响其他保护装置的功能、配合关系。

(2) 可靠性准则。安全、可靠是智能变电站继电保护的第一要义，重构后的继电保护系统也应该满足智能变电站可靠性的要求。

(3) 快速性准则。继电保护装置失效后若不及时处置，一次系统若发生故障则可能不被及时切除，容易造成故障扩散，造成大的停电事故。因此，继电保护系统的重构应具有快速性，在检测到继电保护装置失效后，能够迅速搜索到完备可靠的重构方案并予以重构，尽可能缩短二次系统带隐患工作的时间。

(4) 经济性准则。经济性准则包含两个概念：第一，继电保护系统的重构不应花费巨大的成本来实现，最好能够在不改变现有电网结构和设置的情况下进行，且重构要简单方便、易于操作。第二，重构的方案可能有多种，要选择满足可靠性、完整性条件下改动最小，成本最低的重构方案进行继电保护系统失效重构。

根据上述准则，下面给出继电保护系统重构案例予以说明。

4.3 保护功能失效重构

基于 IEC 61850 标准的保护自动化系统可通过快速网络交换数据而方便地实现信息共享[117]，因此提出两种基于信息共享的保护功能失效重构方案：① 建立共享备用保护单元（SBPU，Shared Backup Protection Unit）来解决变电站内继电保护装置的失效问题；② 对于变电站内传感器故障造成的信息源的缺失，采取不增加硬件仅改变数据流向的软后备（SB，Soft Back-up）方案。这两种方法可以较低的硬件、软件开销实现对所有继电保护装置和互感器的功能备份，以较好的经济性实现更高的保护可靠性。

4.3.1 共享备用保护单元

保护系统共享备用保护单元的原理见图 4-4，在数字化变电站中增设一 SBPU 作为所有保护单元的共享备用单元，当某个继电保护装置失效时，则将该继电保护装置的功能转移到这个共享备用单元上。

当各保护单元工作正常时，SBPU 并不采集数据。当某保护单元工作异常或失效时，由保护管理机检测到该异常情况再启动 SBPU，并下载失效对象间隔的保护定值，此时 SBPU 开始采集该间隔的数据，自动承担失效单元的保护功能，从而做到在线不停电的保护功能恢复。此方案的信号流程如图 4-5 所示。图中 DS 表示检测信号，ASS 表示激活 SBPU 信号，APS 表示告知过程层设备信息流换向信号，DLS 为保护定值下载信号，实线表示电气量信息流向，虚线表示 SBPU 单元投入后的 APS 告知信号。

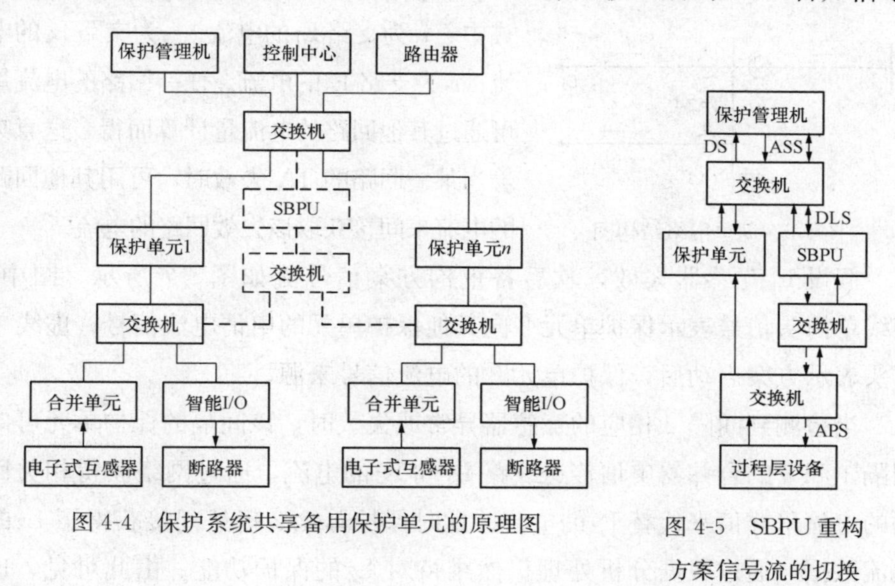

图 4-4 保护系统共享备用保护单元的原理图

图 4-5 SBPU 重构方案信号流的切换

共享备用保护方案的优点在于：① 不必对每个继电保护装置都采用双重化配置即可实现保护装置的冗余；② 继电保护装置失效时，不必马上停电检修处理，适用于无人值守变电站；③ 将各间隔的数据送往备用单元时无需电缆连接，仅采用光纤传输数字信号，实现备用容易，成本低。

4.3.2 互感器回路故障的软后备（SB）方案

当某一间隔的光电/电子式互感器（OCT/ECT）失效后不能立即停电维修时，出于系统安全的需要，希望继续维持对该线路的保护功能。虽然 220kV 以上输电线路可采用双套互感器、双套保护配置模式，但是由于某种共性原因，2 套互感器仍有同时失效的可能。在基于网络连接的数字化变电站中，可以采用软后备的方式继续向保护装置提供输入数据。

以如图 4-6 所示的简单网络为例，根据基尔霍夫电流定律有

$$i_1 + i_2 + i_3 = 0 \tag{4-1}$$

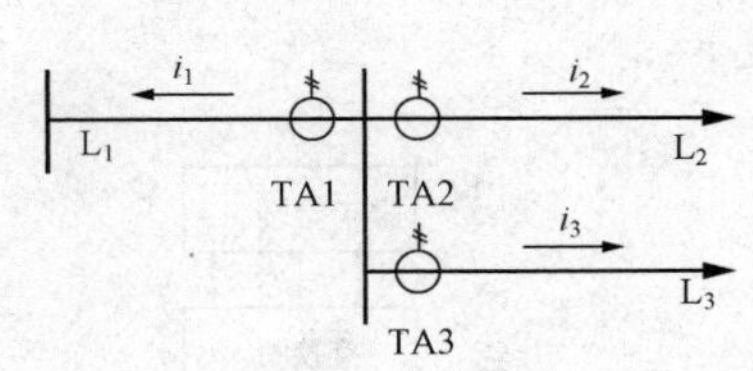

图 4-6 简单网络结构图

式中：i_1为支路 L_1的电流；i_2为支路 L_2的电流；i_3为支路 L_3的电流。任一回路的电流量可通过其他回路的电流量计算而得。这意味着当某一回路的 TA 失效时，可用其他回路的电流来间接获取该失效回路的电流。

假设 L_2互感器失效，软后备重构方案信号流如图 4-7 所示。图中：实线单箭头信号表示保护单元 2 向其他保护单元的申请电流信号；虚线单箭头表示方案启动后，保护单元 2 的电流信号来源。

当检测到间隔 2 相应的互感器异常或失效时，该间隔的保护单元可向间隔 1 和 3 的合并器申请传送线路 L_1和 L_3的电流，通过网络获得相关回路的电流采样值来代替 L_2的电流。此时保护单元 2 仍然间接获得了 L_2的电流数据，通过数据分析处理仍然维持对 L_2的保护功能。由此可见，这种后备方式无须添加硬件设备，仅通过软件功能的调用和信号传递方向的改变即可实现后备功能，因此称为“软后备”方式。

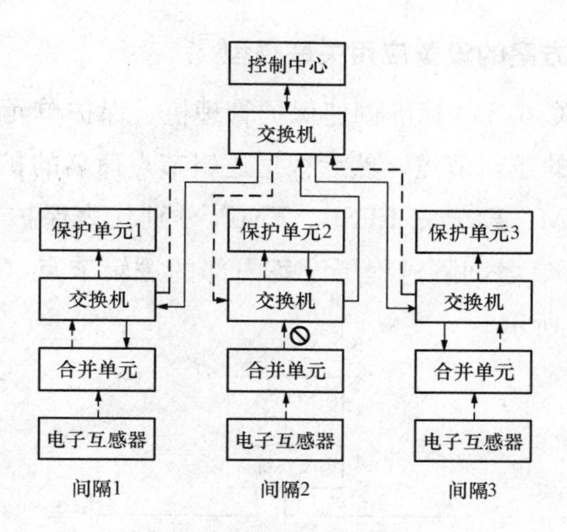

图 4-7　软后备重构方案信号流

4.3.3　实现两种技术方案的关键技术

上述两种措施的技术关键是对故障单元的识别及相应数据流转换的可靠性和快速性。故障单元的识别和定位有多种方法，此处重点分析数据流转换问题。在基于 IEC 61850 的变电站中，抽象通信服务接口（ACSI，Abstract Communication Service Interface）所定义的设备间关联模型与通用变电站事件模型是实现本文所提方法的关键。

ACSI 为不同设备互联定义了 2 种应用关联模型[118]：TPAA 和 MCAA。其中，TPAA 通过建立/释放关联的方式可以实现设备间可靠的信息传输，但是需要增加额外的信息开销，因此信息传输的效率不高；MCAA 以广播方式实现信息的多方向传输，避免了无关的信息开销，提高了信息传送的效率，但其可靠性有所下降。因此，在确定两种重构方案设备间的互联方式时，应根据方案所需的信息传输效率与关联可靠性进行合适的选择。

4.3.3.1 SBPU 方案的设备应用关联模型

首先根据 IEC 61850 标准创建保护管理机、保护单元及过程层设备内实现 SBPU 功能的逻辑节点，然后根据逻辑节点命名的扩展原则[119]设定逻辑节点。EPMM、EPP_n、EPSB、EMP_n 分别代表保护管理机、各间隔保护单元、SBPU、各间隔过程层设备内部的逻辑节点（n 代表保护单元编号），如图 4-8 所示。

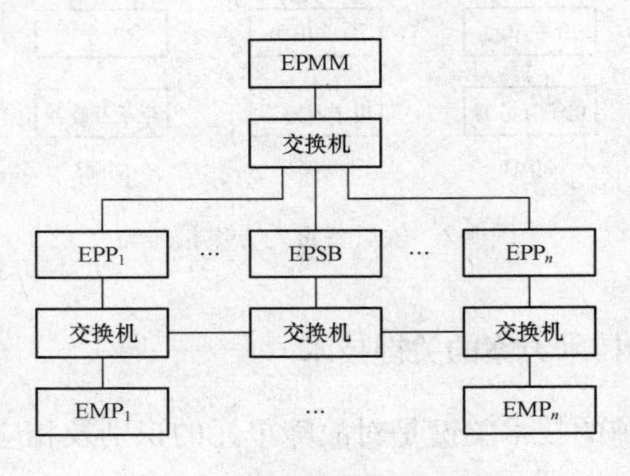

图 4-8 SBPU 方案的逻辑结构

根据 SBPU 的工作原理及其信号流图可知，节点 EPMM 向保护单元发送广播诊断信号，因此采用 MCAA 方式；保护单元应答信号只发往 EPMM，所以采用 TPAA 方式；EPMM 与 SBPU 节点的连接需要高可靠性，因此采用 TPAA 方式；同样 EPSB 与失效间隔过程层设备的连接也应采用 TPAA 方式。

4.3.3.2 SB 方案的设备应用关联模型

为实现 SB 功能，增设逻辑节点 EPP_i、EMM_i（i 为各个间隔的编号），二者分别代表保护单元、合并器内部 SB 的功能节点。以图 4-6 简单网络结构为例，其逻辑节点间的连接如图 4-9 所示。

根据图 4-7，保护单元 2 检测到相应间隔互感器失效时，向相关间隔

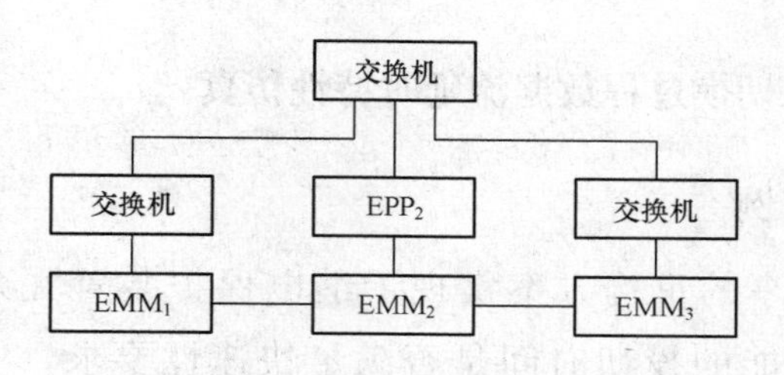

图 4-9 SB 方案的逻辑结构

1、3 的合并器同时发送申请信号，因此保护单元 2 与相应单元连接应采用 MCAA 方式，相关间隔的合并器接收信息并将电流信号送往保护单元 2，采用双 TPAA 方式。

4.3.3.3 两种方案数据流报文的格式

在分布式变电站自动化系统中，智能电子设备（IED，Intelligent Electronic Device）互相协助完成自动化功能的应用场合越来越多，例如间隔层设备之间的防误闭锁、分布式母线保护等，这些功能得以完成的重要前提是众多 IED 之间数据通信的可靠性和实时性。基于此，IEC 61850 定义了通用变电站事件（GSE，Generic Substation Event）模型，该模型基于自动分步的概念，提供了在全系统范围内快速可靠地输入、输出数据值的功能[118]。

GSE 分为 2 种不同的控制类和报文结构：① GOOSE 报文，支持由数据集组织的公共数据交换；② 通用变电站状态事件（GSSE，Generic Substation Status Event），用于传输状态变位信息。从报文传输的特定通信服务映射（SCSM，Specific Communication Service Mapping）分析得知[120,121]，GOOSE 在报文内容的灵活性和传输的实时性方面更为优越。

本书所提两种保护备用方案在功能和数据的转换上均要求很高的实时性，因此设备间通信均采用 GOOSE 报文。

4.3.4 备用功能切换过程数据流延时特性仿真

4.3.4.1 仿真算例

基于信息共享的重构方案实现了继电保护装置冗余的低成本，其关键在于备用功能的投切时间是否满足快速性要求。极端情况下，在一次系统故障且保护装置也故障时，启动后备功能的延时，希望能控制在 10ms 之内。启动后备功能的延时时间包含 2 部分：设备内部信息的处理时间和信息的网络传输时间。由于设备内部信息的处理时间可以通过软件的优化设计进行准确控制，因此重点是对网络信息传输时间的仿真。

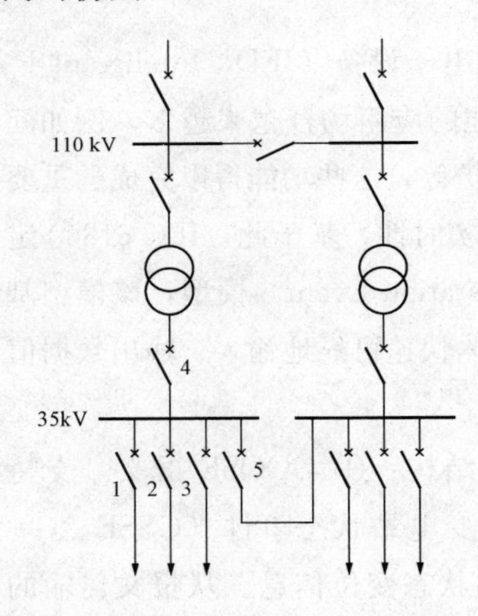

图 4-10 某 110kV 变电站主接线

基于对象建模的 OPNET Modeler 网络仿真工具采用事件调度机制，通过建立与物理结构逼近的网络模型，为进一步分析评估网络、测试和改进网络协议、优化网络性能提供了依据[122]，并且越来越多地应用到电力系统变电站网络设计中。IEC 61850 标准的颁布也加速了这一应用进程[123,124]。本节利用 OPNET Modeler 仿真，获得 2 种备用方案的信息传输时延，以检测方案的可行性。

图 4-10 给出了某 110kV 变电站主接线。该站包括 2 条 110kV 进线（通过分段母线相连）、2 台 110/35kV 变压器、6 条 35kV 出线及连接 6 条出线的单分段母线。图中数字序列代表 35kV 左段母线上的间隔序列。由此可得出变电站的配置见表 4-1。

表 4-1　　10kV 变电站中的保护 IED 配置

间隔名称	合并器 IED	保护 IED	间隔数	IED 数目总计
110kV	线路 1	2	2	6
变压器	1	2	2	6
35kV	线路 1	1	6	12
母联	1	1	1	2

4.3.4.2　两种保护重构方案的仿真

（1）方案建模。依据 OPNET 的 3 层建模机制，实现方案网络域、节点域和进程域建模。

1）网络域。根据图 4-4 所示的共用备份原理，变电站采用星型网络拓扑结构，网络域模型如图 4-11。

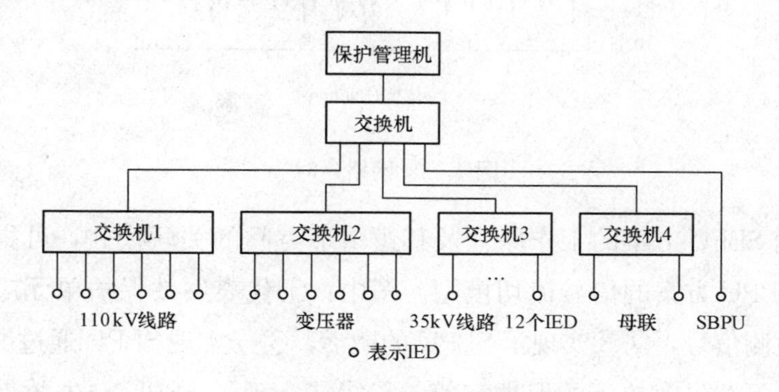

图 4-11　网络域模型

2）节点域。GOOSE 报文传输的 SCSM 较为特殊，经表示层编码后直接映射到数据链路层和物理层，所以网络域中节点普遍具有的模型包括应用层、数据链路层和物理层。

3）进程域。节点域中所包括的数据链路层等是由一系列进程组成。这些进程主要完成节点域各层功能。比如，基于以太网 802.3 协议的数据链路层进程完成载波监听、冲突检测及消息帧重发等功能；物理层进程完成信息帧的发送和接收功能。

（2）仿真结果分析。本仿真只需得到网络的信息传输时延，所以节点间均采用广播方式进行通信。物理层所传输以太网数据包为112字节[110]，以此为标准计算两种方案的信息传输时延。

采用100Mbit/s的传输信道，并且对传输信道的传输延时、传播延时、错误分配、错误纠正等属性进行合理的设置。仿真时间定为60min，可以得到图4-12所示的网络时延。由图4-12可知，图4-10所示算例网络的最大时延为0.0386ms。

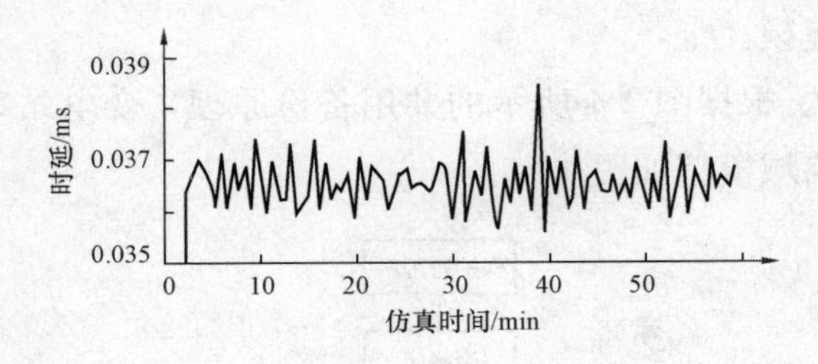

图4-12　网络延时

根据SBPU方案的工作原理及其逻辑节点间的关联模式，可得图4-13所示的SBPU方案的信号流切模型。图中：①代表失效保护单元应答保护管理机检测信号，②③实现了SBPU的激活，④⑤实现SBPU通过网络从保护管理机下载失效单元的保护定值，⑥⑦⑧实现了SBPU与失效保护单元所在间隔合并器的连接。由此可见，方案的备用投切时延需要8个GOOSE报文的有效传输。依据图4-12所示的最大网络延迟（0.0386ms），整个备用投切信息传输时延为8×0.0386＝0.308（ms）。相对于启动延时的希望值，此值完全可以接受。因此SBPU方案具有可行性。

根据SB的工作原理及其关联模型，以图4-10中35kV左段母线为例，分析SB方案的信息传输时延。假定间隔1合并器失效，则方案投切的信息

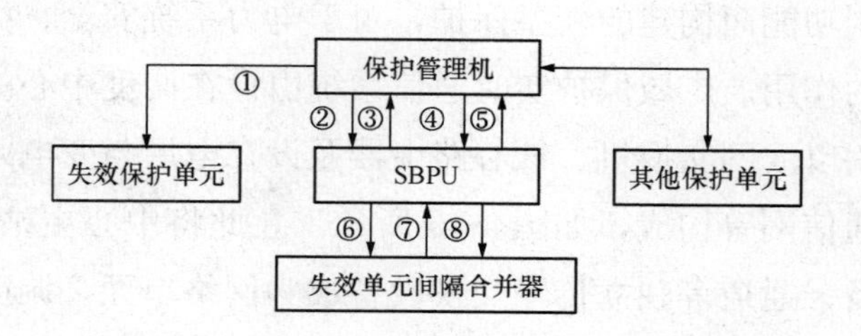

图 4-13　SBPU 方案的信号流切换模型

流程如图 4-14 所示。图中：实线表示保护单元 1 以 MCAA 方式向其相关合并器发布申请信号报文；点画线表示保护单元 1 与合并器建立关联的报文；虚线表示依据 TPAA 协议，保护单元收到合并器确认信号后的确认信息。可以认为，各合并器与保护单元 1 之间的信息流同步进行，因此整个方案的信息传输时延为 3×0.0386=0.115（ms），可见此方案也具有可行性。

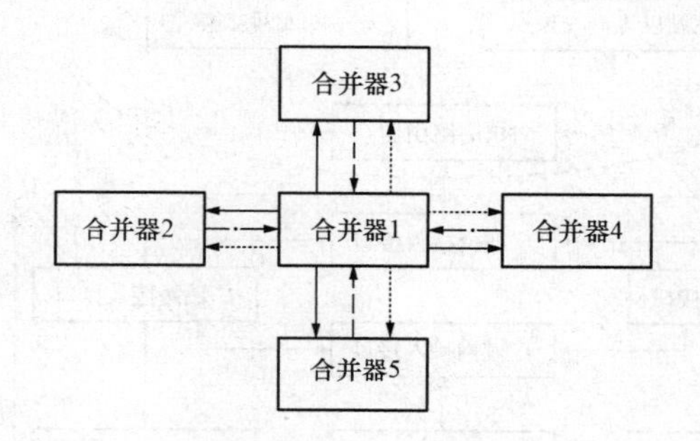

图 4-14　SB 方案的信号流切换模型

4.4　广域保护通信系统失效重构

4.4.1　广域保护实时通信系统

广域保护是基于电力系统网络通信、多点信息综合判断并实现继电保护和自动控制功能而构建的新型保护，对于电力系统安全、稳定运行具有越来越重要的作用。广域保护实时通信系统由设在调度中心的主站以太网交换机、备用以太网交换机、核心路由器及设在电厂与变电站的通信子站和电力数据通信网等构成，如图 4-15 所示。在此将中心主站、通信子站、网络交换设备、通道等独立传输交换设备成为网络单元。调度中心是广域保护实时通信系统的协调决策层；通信子网和通信网络承担着功能元件层的信息采集和状态检测工作，同时也执行决策层传递的命令。调度中心通过数据通信网络与各通信子站进行信息交换，安装于电力系统不同位置的通信子站不仅能获得安装点的信息，还能通过通信网络获得其他通信子站的信息以完成广域保护功能。

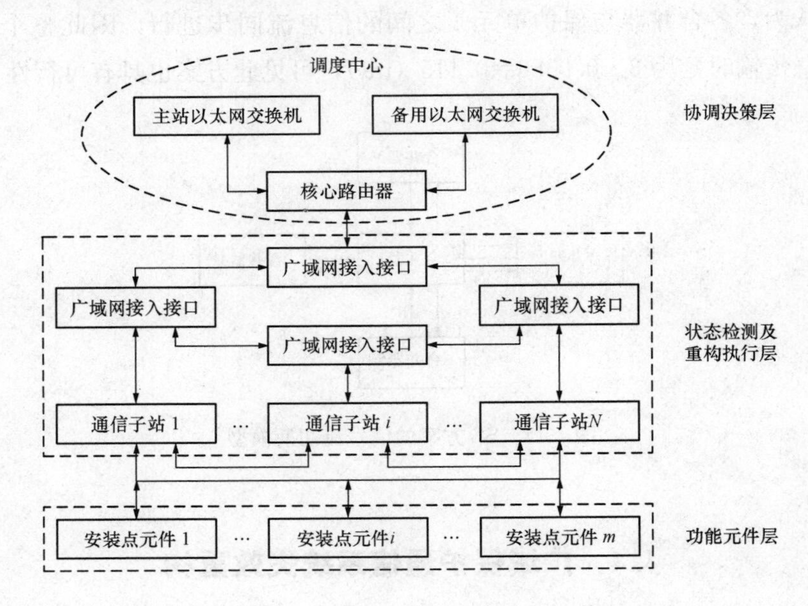

图 4-15　广域保护实时通信系统

广域保护信息传输的实时性和可靠性是广域保护的核心问题，而广域保护通信网络单元失效将影响广域保护信息的可靠、实时传输，甚至可能导致保护连锁跳闸引起大面积停电事故的发生。基于智能电网自愈、重构的理念，广域保护信息传输路径失效后的快速重构是广域保护必不可少的手段。

为方便理解继电保护的重构思想，针对通信回路失效的重构状况举例如下：

如图 4-16 所示输电线电流差动保护系统，为简化，首先将该电流差动保护系统分解为保护装置和信号通道两部分，其中信息通道定义为元件 T_1、T_2、T_3，分别属于 3 条输电线路的保护装置，当其中某一元件失效后则该线路的差动保护失效。

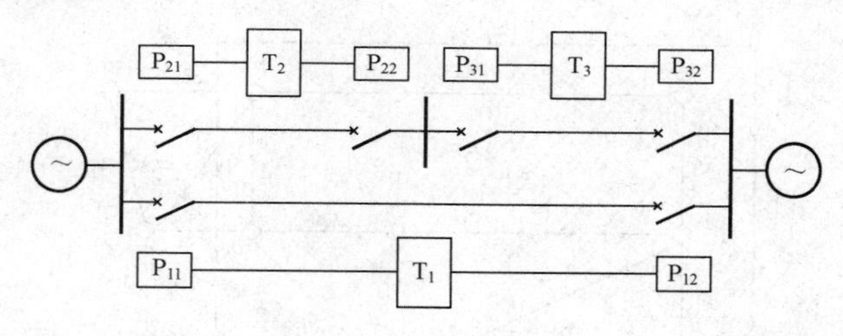

图 4-16　输电线电流差动保护系统

重构方法：在每一变电站设置信息交换设备 T_{12}、T_{13}、T_{23}，当检测到某一通道，例如 T_1 失效时，保护信息可通过其余通道（经 T_2、T_3）传输。重构后的继电保护信息传输系统结构如图 4-17 所示。当有多个路径

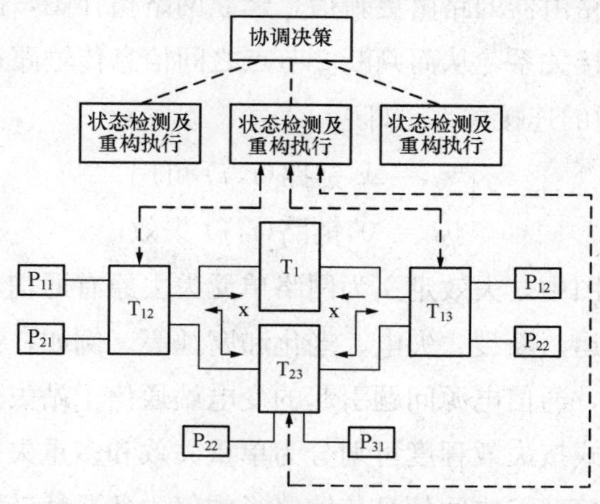

图 4-17　重构后的继电保护信息传输系统

可选时，可按优化方式选择。

4.4.2 广域保护通信网络拓扑结构及其失效模式

将图 4-15 所示通信系统抽象成由节点（通信子站、网络交换设备等）和链路（通道）构成的连通图，用 $G(V,E)$ 代表，其中 $V=\{v_1,v_2,L\cdots,v_n\}$ 为网络节点集，$E=\{e_1,e_2,L\cdots,e_n\}$ 为网络的链路集。电网典型拓扑结构的抽象连通图如图 4-18 所示。

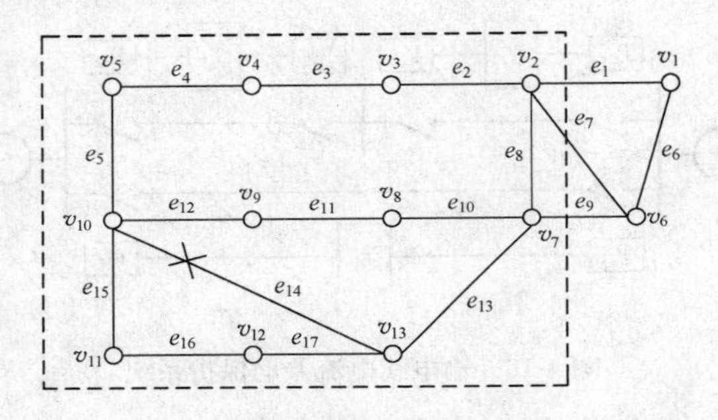

图 4-18 电网典型拓扑结构的抽象连通图

通信网络中，安装于各节点的路由器彼此通信进行路由更新，通过分析来自其他节点路由器的路由更新信息建立网络拓扑图，网络拓扑变化反映节点之间的链接关系，从而判断 2 节点之间信息传输路径是否失效。用 v_{ij} 表示节点之间的连接关系，即

$$\begin{cases} v_{ij}=1,\text{链路}(i,j)\text{ 可用} \\ v_{ij}=0,\text{链路}(i,j)\text{ 失效} \end{cases} \tag{4-2}$$

在网络拓扑图中，失效定义为网络单元失去原有通信功能。失效原因主要有非计划停运、断裂、失电、老化和腐蚀等。例如，雷电、冰雪造成的光纤通道中断，通信电源问题引起的变电站通信子站失效等。

路径失效模式按失效程度可划分为单重失效和多重失效。单重失效定义为同一时刻通信节点之间信息传输路径中仅 1 条通信链路失效；多重失效定义为同一时刻通信节点之间信息传输路径中存在 2 条及以上通信链路失效或者节点失效与之相连的链路失效。

如图 4-18 所示，若链路 e_{14} 失效，则节点 v_{10} 到 v_{13} 的信息传输路径就存在单重失效；若节点 v_{10} 经过 v_9，v_8，v_7 获得节点 v_6 的信息，同一时刻若 e_9，e_{10}，e_{11}，e_{12} 中任意 2 条链路失效或 v_9，v_8，v_7 任一节点失效，则节点 v_{10} 到 v_6 的信息传输路径就存在多重失效。

常规路由算法通常采用路径长度、延时、可靠性、带宽、负载、通信成本等评估标准中的一种单独决定信息传输的最佳路径，最常用的标准是路径长度或延时。通信网络无论是处于正常无故障状态还是元件失效后的状态，均可利用通信网络状态监视技术识别当前的连通状态。在此状态下，广域保护的信息传输应选择可靠性最高的路径，并同时满足信息传输延时的要求，为此，这里借鉴路径选择的可靠性原则思想，建立满足时间约束的广域保护信息传输路径选择模型及其求解方法。

4.4.3 广域保护信息传输路径重构模型

如图 4-18 所示，若链路 e_{14} 失效，链路 e_{14} 两侧的广域差动保护信息就只能通过 $v_{10}-v_{11}-v_{12}-v_{13}$，$v_{10}-v_9-v_8-v_7-v_{13}$，$v_{10}-v_5-v_4-v_3-v_2-v_7-v_{13}$ 等路径传输，而难以通过观察简单确定哪一条路径既满足广域保护延时要求，又具有高可靠性，需要结合网络单元可用率和信息传输延时进行综合决策。

本章利用元件可靠性指标中的可用率来描述网络单元完成规定通信功能的量度。可用率是指元件在稳定条件下，给定时间区间内的瞬时可用率的均值。通常通过统计数据计算可靠性指标，当故障率 λ 和修复率 μ 均为常数时，网络单元可用率 A 表示为

$$A=\frac{\mu}{\mu+\lambda} \tag{4-3}$$

信息传输延时主要与传输距离、通道媒介、所经过的网络交换设备数量等因素有关。假设节点 v_i 到 v_j 之间的网络延时为 T_{ij}，传输距离为 l_{ij}，从 v_i 到 v_j 经过的节点数量为 m，节点交换设备的交换延时为 t_{v}，则有

$$T_{ij}=\frac{l_{ij}}{c}+mt_{\mathrm{v}}+\Delta t \tag{4-4}$$

式中：c 为信息在通道中的传输速度；Δt 为随机抖动延时。

通信网络看成节点和链路的集合，每一条路径也是节点和链路的集合，节点和链路的可用率直接影响路径的可靠性。假设 2 个节点之间有 X 条路径 J_1,J_2,L,J_k,J_X，路径 J_k 经过的节点集合 $V_{J_k}=\{v_1,v_2,L,v_n\}$，链路集合 $E_{J_k}=\{e_1,e_2,L,e_{n-1}\}$，那么，路径相当于经过该路径的所有节点和链路的串联系统，路径可靠性是这些节点和链路可用率的乘积。路径可靠性 P_{J_k} 的表达式为

$$P_{J_k}=A_{v_n}\prod_{i=1}^{n-1}(A_{e_i}A_{v_i}) \tag{4-5}$$

式中：P_{J_k} 为路径 J_k 的可靠性；n 为路径所经过的节点总数；A_{v_n} 为第 n 个节点的可用率；A_{v_i} 为第 i 个节点的可用率；A_{e_i} 为第 i 条链路的可用率。

路径 J_k 的信息传输延时就是路径所经过节点和链路延时的综合。根据式（4-4）可得路径延时的表达式为

$$T_{J_k}=\sum_{i=1}^{n-1}\frac{l_{e_i}}{c}+nt_v+\Delta t \tag{4-6}$$

式中：T_{J_k} 为路径 J_k 的信息传输延时；l_{e_i} 为链路 e_i 的长度。

以快速搜索满足广域保护信息传输延时约束的最可靠路径为重构目标，构建数学模型

$$\begin{cases}\max \quad (P_{J_1},P_{J_2},L,P_{J_k},L,P_{J_X}) \\ s.t \quad T(T_{J_1},T_{J_2},L,T_{J_k},L,T_{J_X})<T_0\end{cases} \tag{4-7}$$

式中：$T(\cdot)$ 为从候选路径中选择的某条路径的网络传输延时，如果该条

线路的传输延时小于 T_0 ，则被保留为候选路径，否则从候选路径中剔除；T_0 为广域保护信息在通信网上传输允许的最大延时。

路径可靠性 P 值的获取通常是在多年统计及对设备的可靠性分析基础上根据式（4-6）计算得到的。另外，T_0 的确定需考虑通信系统对状态数据的测量与传输必须在 30～50ms 完成，以便实现变电站系统的实时监控。为保障电力系统获取完整的暂态信息，通信网络的延时必须 20ms，才能满足广域保护的通信要求。

4.4.4　路径重构模型的求解与算例分析

路径的选择步骤如下：

（1）节点路由器动态维护路由表反映当前网络拓扑，并根据网络拓扑变化判断与其他节点之间的信息传输路径是否失效。

（2）利用深度优先搜索或广度优先搜索查找通信节点之间的所有路径，以及所有候选路径。

（3）根据式(4-5)和式(4-6)计算候选路径集中各路径的可靠性 P_{J_k} 和延时 T_{J_k} ，同时根据式(4-7)中的约束条件将不符合延时要求的路径从候选路径中删除。

（4）利用插入排序算法求解候选路径集中可靠性最高的路径作为首选替代路径。

（5）根据选择的路径更新节点路由表，以直通方式传输保护控制信息。

由于路径选择时间与网络拓扑节点数有关，为了缩短路径选择计算时间，只需搜索通信节点之间一定数量的节点构成的网络。例如，图 4-18 中链路 e_{14} 失效后节点 v_{10} 到 v_{13} 的信息传输路径重构搜索范围可以限制在虚线框内的网络。

假设 7 节点网络拓扑图中各节点的可用率和交换延时及链路可用率和

长度数据如图 4-19 所示。

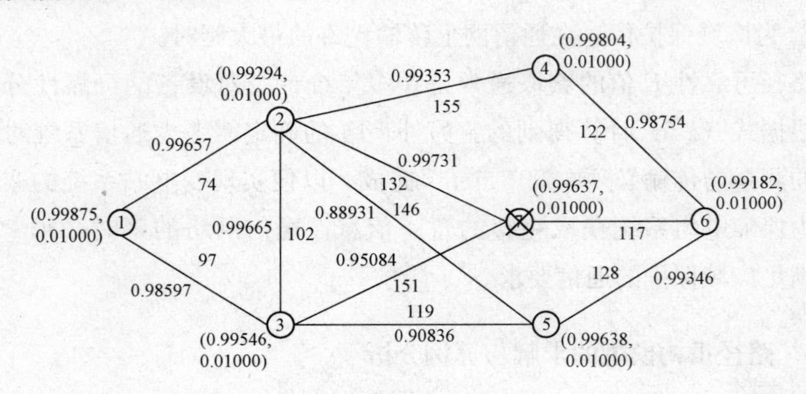

图 4-19　7 节点网络拓扑图

图中，括号内的第 1 项为传输延时，第 2 项为可靠性，通道为光纤，信息在通道中的传输速度 $c=2\times10^8\,\mathrm{m/s}$，随机抖动产生的延时为 $\Delta t=0.1\mathrm{ms}$，$T_0=3\mathrm{ms}$。假设通信节点 1 和节点 6 通过图 4-19 网络进行信息传输，正常情况下信息传输路径为 1－2－7－6，节点 7 失效造成该路径多重失效，现通过失效后的网络对通信节点 1 到节点 6 之间的信息传输路径进行重构。

根据上述方法重构通信节点 1 到 6 之间的信息传输路径，计算结果见表 4-2。

表 4-2　　各路径可靠性与延时

候选路径	延时 T_{J_k}/ms	路径可靠性 P_{J_k}	路径可靠性排序
1－2－4－6	1.895	0.95985	1
1－2－3－5－6	2.265	0.87442	3
1－2－5－6	1.880	0.86288	5
1－3－5－6	1.860	0.87420	4
1－3－5－2－4－6	3.355	0.76089	7
1－3－2－4－6	2.530	0.94216	2
1－3－2－5－6	2.515	0.84698	6

从表中数据可看出，节点1到节点6之间共有7条路径，其中，路径1—3—5—2—4—6延时为3.355ms，不满足延时约束条件。延时最短的路径为1—3—5—6，其传输延时和可靠性为（1.86000，0.87420）；而可靠性最高的路径为1—2—4—6，其传输延时和可靠性为（1.89500，0.95985）。2条路径延时相近且均满足约束条件，而路径1—2—4—6的可靠性明显高于路径1—3—5—6，说明路径1—2—4—6能更好地满足广域保护信息传输的实时性和可靠性的要求，因此选择路径1—2—4—6作为节点1到节点6信息传输路径失效后的首选替代路径，能更好地满足广域保护信息传输可靠性。

4.5 本章小结

本章从智能电网自愈性和自适性的基本要求出发，提出智能变电站继电保护系统重构的新思路，对于更新继电保护运维模式，采用不停电维修、提高电力系统可靠性均具有重要意义。本章对重构问题的提出、重构模型及方法进行初步研究。从继电保护系统的重构需求出发，建立了继电保护系统重构的通用模型，并给出重构的准则。

对于继电保护装置的失效，可采用共享备用保护单元的方案。其优点在于在提供备份的同时最大限度地减少了备份数量，简化了系统结构，提高了系统可靠性。对于光电/电子式互感器失效导致的信号回路中断或异常，可利用一次系统接线满足基本电流定律约束的原理，通过网络实时从相关回路调取数据，间接计算失效回路电流，以实现备用方案。此方案不增加硬件设备，但仍可维持保护功能，是一种有效的“软备用”方式。

基于可靠性准则的广域保护实时通信系统根据电力系统广域保护通信可靠性和延时要求的路由来选择通信路径，即可作为正常状态路径选择，又可满足信息传输路径失效情况下的路径重构计算所需，提高了广域保护信息传输可靠性，为避免因通信设备和传输故障引起的数据丢失，防止因广域保护信息和控制命令不能可靠实时地传输而导致保护连锁跳闸引起大面积停电事故的产生提供技术保障。

5 继电保护系统可靠性模型及维修决策方法

5.1 引 言

继电保护是保护一次设备的哨兵[125]，其正常工作直接关系到电力系统的运行可靠性，因此如何提高其可靠性成为人们日益关注的重要课题。提高继电保护可靠性的措施为采用高度可靠的装置、实行保护的多重化，以及对继电保护系统进行良好的检修维护。然而某一继电保护的可靠性不只决定于其本身，还与其他继电保护装置的可靠性有关，因此不仅应该研究单个继电保护装置的可靠性，还要研究各保护装置配合工作的可靠性，然后依据继电保护系统可靠性指标进行维修，以保证整个继电保护系统的良好运行状态[34-59,126-133]。

目前研究较多的是关注单一继电保护装置的可靠性，基于配置方案的研究相对较少[128-133]；另外，在继电保护系统设计中，继电保护装置的可靠性需要保证或提高到多高，保护配置多重化到何种程度最好，应提出合理的要求，这就需要对所设计的继电保护系统进行可靠性计算。因此，过去建立在以硬件失效分析基础上的可靠性模型已不能反映继电保护系统的实际状况，有必要建立基于不同配置模式的继电保护系统可靠性模型。

目前微机继电保护装置已成为高压电网中的主要保护装置，这些微机继电保护装置一般都配备有较强的自检功能[134]，但继电保护装置及保护系统的维修决策方法仍困惑着运行管理人员。已有大量学者和机构对继电保护装置及其维修决策方法进行了相关研究。但工程实践中，微机继电保护装置的自诊断效果并不能保证100%的状态识别，故仍然延用定期检修弥补基于自诊断功能的状态检修决策方法，以保证继电保护设备的可靠运行。但是，通过对定期检修在二次系统中长年的应用效果分析后知，定期检修发现和消除保护装置故障的效率极低，且定期检修的检修周期的确定缺乏依据。为此，本章基于状态空间图构建继电保护系统的可靠性模型，并建立不同保护配置方案下的继电保护系统可靠性分析方法，然后给出了针对多重配置继电保护系统的检修决策方法。

5.2 继电保护系统可靠性模型的状态空间图

当一次元件处于故障状态时，继电保护系统各保护单元可以用正确动作、误动和拒动和检修 4 种状态表示。在当今的电力系统中，特别是在220kV 及以上电压等级高压输电系统中，通常配置 2 套不同原理的主保护及 2 套后备保护[135,136]。根据对电网安全的影响不同，又将后备保护细分为近后备保护和远后备保护。不同的保护配置模式，使得保护整体系统失效的概率均不一样。本章根据实际保护配置方案，对于由不同保护单元组成的继电保护系统，根据动作逻辑，考虑继电保护的误动和拒动状态，建立马尔可夫（Markov）模型，如图 5-1 所示。

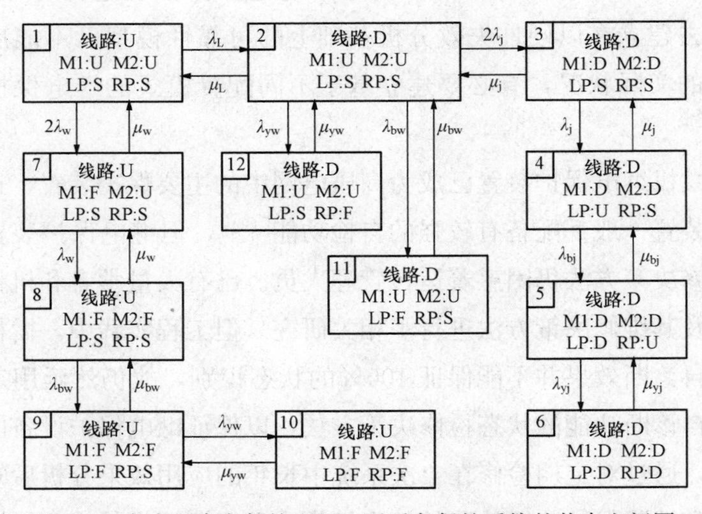

图 5-1 考虑两套主保护和远、近后备保护系统的状态空间图

图中 M1 和 M2 分别表示 1 号主保护和 2 号主保护，LP 和 RP 分别表示近后备保护和远后备保护，U 表示正常工作，D 表示处于故障状态，F 表示保护误动，S 表示处于检修状态。状态 1 表示输电线路和 2 套主保护正常工作，远、近后备保护正常且处于备用状态；当输电线路故障，状态 1 转移到状态 2；当 2 套主保护中的一套主保护拒动，状态 2 转移到状态 3，经过维修，状态 3 可以返回到状态 2；状态 4 表示 2 套主保护均拒动，近后备保护正常工作，远后备处于备用状态；状态 5 表示近后备也相继拒动，由远后备保护正常工作；状态 6 表示保护系统各单元均拒动。保护误动模式可作类似分析。图中有关符号说明见表 6-1，由于造成拒动和误动的原因不同，使得其维修率可能存在一定的差异，模型中予以考虑。

表 5-1　　状态空间模型中有关符号说明

符号	含义	符号	含义
λ_L	输电线路的故障率	μ_L	输电线路的维修率
λ_j	主保护拒动率	λ_w	主保护误动率
μ_j	主保护维修率	μ_w	主保护维修率
λ_{bj}	近后备保护拒动率	λ_{bw}	近后备保护误动率
μ_{bj}	近后备保护维修率	μ_{bw}	近后备保护维修率
λ_{yj}	远后备保护拒动率	λ_{yw}	远后备保护误动率
μ_{yj}	远后备保护维修率	μ_{yw}	远后备保护维修率

应用 Markov 模型对继电保护系统进行可靠性研究时，首先假设被保护元件处于故障状态，同时作出如下假设：

（1）继电保护系统各保护单元的故障率 λ 和维修率 μ 为常数，其可靠度和维修度均服从指数分布。

（2）继电保护系统计划检修安排在线路正常时进行，同时检修时继电保护系统退出运行。

（3）继电保护系统中任意保护单元故障，继电保护系统其他保护单元动作切除故障或拒动后，对继电保护系统进行隔离检修，并且继电保护系统恢复到正常状态。

（4）各保护单元不会同时发生故障，故障有先有后。

（5）不考虑断路器故障和人为失误。

5.3　不同配置方案的继电保护系统可靠性分析

根据前述计及不同保护配置方案的 Markov 状态空间图，可推导出不同保护配置模式下的继电保护系统总体可靠性指标计算公式，可用于具有不同失效率的继电保护装置组成的继电保护系统可靠性指标计算。

5.3.1　两套主保护情况

当一次元件只有 2 套主保护起作用的情况下，根据继电保护系统切除故障的作用机理，继电保护系统的 Markov 模型可以用图 5-1 状态 1～状态 4 与状态 7、状态 8 表示。根据 Markov 状态空间理论，其状态转移矩阵为

$$
T=\begin{bmatrix}
a_{11} & \lambda_L & 0 & 0 & 2\lambda_w & 0 \\
\mu_L & a_{22} & 2\lambda_j & 0 & 0 & 0 \\
0 & \mu_j & a_{33} & \lambda_j & 0 & 0 \\
0 & 0 & \mu_j & a_{44} & 0 & 0 \\
\mu_w & 0 & 0 & 0 & a_{55} & \lambda_w \\
0 & 0 & 0 & 0 & \mu_w & a_{66}
\end{bmatrix} \tag{5-1}
$$

式中：$a_{11}=1-\lambda_L-2\lambda_w$；$a_{22}=1-2\lambda_j-\mu_L$；$a_{33}=1-\lambda_j-\mu_j$；$a_{44}=1-\mu_j$；$a_{55}=1-\lambda_w-\mu_w$；$a_{66}=1-\mu_w$。

由 Markov 状态逼近原理，解得各状态驻留概率。为了表达简明，令

$$a = \sum_{i=1}^{6} a_i = \mu_w^2 \mu_j^2 (\mu_L + \lambda_L) + 2\mu_w^2 \lambda_j \lambda_L (\mu_j + \lambda_j) + 2\mu_j^2 \mu_L \lambda_w (\mu_w + \lambda_w) \tag{5-2}$$

其中 a_i 为等式右边展开后的对应项。

则各状态的驻留概率为

$$P_i = \frac{a_i}{a}, i = 1, 2, L, 6 \tag{5-3}$$

因此，继电保护系统可用度 A 和不可用度 U，以及继电保护系统的误动概率 P_W 和拒动概率 P_J 分别为

$$A = 1 - P_4 - P_6 \tag{5-4}$$

$$U = P_4 + P_6 \tag{5-5}$$

$$P_W = P_5 + P_6 \tag{5-6}$$

$$P_J = P_3 + P_4 \tag{5-7}$$

5.3.2 2 套主保护及 1 套近后备保护情况

在有 2 套主保护及 1 套近后备保护起作用时，继电保护系统的 Markov 模型可以用图 5-1 状态 1～状态 5、状态 7～状态 9 与状态 11 表示。根据 Markov 状态空间理论，其状态转移矩阵为

$$T = \begin{bmatrix} b_{11} & \lambda_L & 0 & 0 & 0 & 2\lambda_w & 0 & 0 & 0 \\ \mu_L & b_{22} & 2\lambda_j & 0 & 0 & 0 & 0 & 0 & \lambda_{bw} \\ 0 & \mu_j & b_{33} & \lambda_j & 0 & 0 & 0 & 0 & 0 \\ 0 & 0 & \mu_j & b_{44} & \lambda_{bj} & 0 & 0 & 0 & 0 \\ 0 & 0 & 0 & \mu_{bj} & b_{55} & 0 & 0 & 0 & 0 \\ \mu_w & 0 & 0 & 0 & 0 & b_{66} & \lambda_w & 0 & 0 \\ 0 & 0 & 0 & 0 & 0 & \mu_w & b_{77} & \lambda_{bw} & 0 \\ 0 & 0 & 0 & 0 & 0 & 0 & \mu_{bw} & b_{88} & 0 \\ 0 & \mu_{bw} & 0 & 0 & 0 & 0 & 0 & 0 & b_{99} \end{bmatrix} \tag{5-8}$$

式中：$b_{11}=1-\lambda_L-2\lambda_w$；$b_{22}=1-\lambda_{bw}-2\lambda_j-\mu_L$；$b_{33}=1-\lambda_j-\mu_j$；$b_{44}=1-\lambda_{bj}-\mu_j$；$b_{55}=1-\mu_{bj}$；$b_{66}=1-\lambda_w-\mu_w$；$b_{77}=1-\lambda_{bw}-\mu_w$；$b_{88}=1-\mu_{bw}$；$b_{99}=1-\mu_{bw}$。

由 Markov 状态逼近原理，解得各状态驻留概率。令

$$b=\sum_{i=1}^{9}b_i=\mu_w^2\mu_j^2\mu_{bw}\mu_{bj}(\mu_L+\lambda_L)+2\mu_w^2\mu_{bw}\mu_{bj}\lambda_j\lambda_L(\mu_j+\lambda_j) \\ +2\mu_w^2\lambda_j^2\mu_{bw}\lambda_L\lambda_{bj}+2\mu_j^2\mu_L\mu_{bw}\mu_{bj}\lambda_w(\mu_w+\lambda_w) \\ +2\mu_j^2\lambda_w^2\mu_L\mu_{bj}\lambda_{bw}+\mu_w^2\mu_j^2\mu_{bj}\lambda_L\lambda_{bw} \tag{5-9}$$

其中 b_i 为等式右边展开后的对应项。

则各状态的驻留概率为

$$P_i=\frac{b_i}{b}\quad i=1,2,\cdots,9 \tag{5-10}$$

因此，继电保护系统可用度 A 和不可用度 U，以及继电保护系统的误动概率 P_W和拒动概率 P_J分别为

$$A=1-P_5-P_8 \tag{5-11}$$

$$U=P_5+P_8 \tag{5-12}$$

$$P_W=P_6+P_7+P_8+P_9 \tag{5-13}$$

$$P_J=P_3+P_4+P_5 \tag{5-14}$$

5.3.3 2 套主保护及 1 套远、近后备保护情况

在 2 套主保护及 1 套远、近后备保护起作用时，有 12 种可能的工作状态，由图 5-1 可以得到状态转移矩阵为

$$
\boldsymbol{T}=\begin{bmatrix}
c_{11} & \lambda_{L} & 0 & 0 & 0 & 0 & 2\lambda_{w} & 0 & 0 & 0 & 0 & 0 \\
\mu_{L} & c_{22} & 2\lambda_{j} & 0 & 0 & 0 & 0 & 0 & 0 & 0 & \lambda_{bw} & \lambda_{yw} \\
0 & \mu_{j} & c_{33} & \lambda_{j} & 0 & 0 & 0 & 0 & 0 & 0 & 0 & 0 \\
0 & 0 & \mu_{j} & c_{44} & \lambda_{bj} & 0 & 0 & 0 & 0 & 0 & 0 & 0 \\
0 & 0 & 0 & \mu_{bj} & c_{55} & \lambda_{yj} & 0 & 0 & 0 & 0 & 0 & 0 \\
0 & 0 & 0 & 0 & \mu_{yj} & c_{66} & 0 & 0 & 0 & 0 & 0 & 0 \\
\mu_{w} & 0 & 0 & 0 & 0 & 0 & c_{77} & \lambda_{w} & 0 & 0 & 0 & 0 \\
0 & 0 & 0 & 0 & 0 & 0 & \mu_{w} & c_{88} & \lambda_{bw} & 0 & 0 & 0 \\
0 & 0 & 0 & 0 & 0 & 0 & 0 & \mu_{bw} & c_{99} & \lambda_{yw} & 0 & 0 \\
0 & 0 & 0 & 0 & 0 & 0 & 0 & \mu_{yw} & c_{10} & 0 & 0 & 0 \\
0 & \mu_{bw} & 0 & 0 & 0 & 0 & 0 & 0 & 0 & 0 & c_{11} & 0 \\
0 & \mu_{yw} & 0 & 0 & 0 & 0 & 0 & 0 & 0 & 0 & 0 & c_{12}
\end{bmatrix} \tag{5-15}
$$

式中：$c_{11}=1-\lambda_{L}-2\lambda_{w}$；$c_{22}=1-\lambda_{bw}-\lambda_{yw}-2\lambda_{j}-\mu_{L}$；$c_{33}=1-\lambda_{j}-\mu_{j}$；$c_{44}=1-\lambda_{bj}-\mu_{j}$；$c_{55}=1-\lambda_{yj}-\mu_{bj}$；$c_{66}=1-\mu_{yj}$；$c_{77}=1-\lambda_{w}-\mu_{w}$；$c_{88}=1-\lambda_{bw}-\mu_{w}$；$c_{99}=1-\lambda_{yw}-\mu_{bw}$；$c_{10}=1-\mu_{yw}$；$c_{11}=1-\mu_{bw}$；$c_{12}=1-\mu_{yw}$。

由 Markov 状态逼近原理，可令

$$
\begin{aligned}
c=\sum_{i=1}^{12}c_{i}=&\mu_{w}^{2}\mu_{j}^{2}\mu_{bw}\mu_{yw}\mu_{bj}\mu_{yj}(\mu_{L}+\lambda_{L})+2\mu_{w}^{2}\mu_{bw}\mu_{yw}\mu_{bj}\mu_{yj}\lambda_{L}\lambda_{j}(\mu_{j}+\lambda_{j})+\\
&2\mu_{w}^{2}\lambda_{j}^{2}\mu_{bw}\mu_{yw}\lambda_{L}\lambda_{bj}(\mu_{yj}+\lambda_{yj})+2\mu_{j}^{2}\mu_{L}\mu_{bw}\mu_{yw}\mu_{bj}\mu_{yj}\lambda_{w}\times\\
&(\mu_{w}+\lambda_{w})+2\mu_{j}^{2}\lambda_{w}^{2}\mu_{L}\mu_{bj}\mu_{yj}\lambda_{bw}(\mu_{yw}+\lambda_{yw})+\mu_{w}^{2}\mu_{j}^{2}\mu_{bj}\mu_{yj}\lambda_{L}\times\\
&(\mu_{yw}\lambda_{bw}+\mu_{bw}\lambda_{yw})
\end{aligned} \tag{5-16}
$$

其中 c_i 为等式右边展开后的对应项。

则各状态的驻留概率为

$$P_i = \frac{c_i}{c} \quad i = 1,2,\cdots,12 \tag{5-17}$$

因此，继电保护系统可用度 A 和不可用度 U，以及继电保护系统的误动概率 P_{W} 和拒动概率 P_{J} 分别为

$$A = 1 - P_6 - P_{10} \tag{5-18}$$

$$U = P_6 + P_{10} \tag{5-19}$$

$$P_{\mathrm{W}} = P_7 + P_8 + P_9 + P_{10} + P_{11} + P_{12} \tag{5-20}$$

$$P_{\mathrm{J}} = P_3 + P_4 + P_5 + P_6 \tag{5-21}$$

5.3.4 继电保护系统可靠性分析算例

为比较本章所述 3 种不同保护配置方案的可靠性，假设主保护均由双端信息原理继电保护装置构成，而后备保护则由单端信息原理继电保护装置构成。实际中，继电保护装置的原理不同、生产厂家不同，每套装置的故障率和修复率就可能不一样。此外，单套继电保护装置的可靠性指标不能简单地由继电保护装置本身替代，而是由包括 TA/TV、断路器、通信装置和通道等其他二次设备共同确定的。这里采用假设的双端、单端继电保护装置的平均修复时间作为主、后备保护的修复时间，得出平均修复率；而继电保护方案的拒动率、误动率等数据均可由权威统计部门和检验测试部门获取。

参照中国电力科学研究院对全国电网继电保护运行情况的统计[137]，算例所需数据见表 5-2。其中，MTTR 为平均维修时间（小时），MTTR1 为线路的平均修复时间，MTTR2、MTTR3 分别为单端、双端信息原理保护方案的平均修复时间，由此可以计算出线路和保护的平均维修率。线路故障率单位为次/(百千米・年)，继电保护装置的拒动率和误动率单位

为次/(百台·年)。

表 5-2 保护系统可靠性基础数据

变量	数值	变量	数值
λ_L	0.2503	MTTR1	55.970
λ_j	0.0126	λ_w	0.1892
λ_{bj}	0.0437	λ_{bw}	0.5676
λ_{yj}	0.0631	λ_{yw}	0.7568
MTTR2	60.940	MTTR3	52.746

根据上节所建立的模型可以求得不同保护配置方案下的继电保护系统可靠性指标，见表 5-3 所示。

表 5-3 不同保护配置方案的保护系统可靠性指标评估结果

继电保护配置方案	可用度	不可用度	误动概率	拒动概率
2 套主保护无后备保护	0.998640	0.001360	0.0001409	0.0001217
2 套主保护及近后备保护	0.999661	0.000339	0.0025029	0.0000926
2 套主保护及远、近后备保护	0.999882	0.000118	0.0043166	0.0000702

从表中结果可以看出：一方面，随着继电保护系统保护配置的完善，继电保护系统的可用度得到很好的改善，同时拒动率也随之减小，可靠性得到了加强。另一方面，由于保护配置的冗余度增大，使得继电保护装置误动概率也随之增加，系统的安全性降低了。可见，提高继电保护装置不误动的可靠性和提高其不拒动的可靠性的措施总是矛盾的，因此，应该根据继电保护系统运行的实际环境选择适合的保护配置方案，本章所提算法的计算结果可以作为平衡继电保护系统可靠性和安全性的参考。对照文献[137]关于 2007 年 220kV 及以上交流线路保护运行情况的统计，可知该

算法计算结果合理。

5.4 继电保护检修决策方法

第 5.3 节给出了不同配置方案的继电保护系统可靠性分析方法，该方法评估的结果是进行保护维修决策的基础。目前微机继电保护装置已成为高压电网中的主要保护装置，这些微机继电保护装置一般都配备有较强的自检功能，但微机继电保护装置的自诊断效果并不能保证 100%的状态识别，故在工程实际中仍然沿用定期检修弥补基于单个继电保护装置自诊断功能的状态检修决策方法，以保证继电保护设备的可靠运行。但定期检修的检修时刻的确定缺乏依据。

为此，介绍针对多重配置保护系统检修决策方法。

同样以高压电网中被保护元件配置 2 套不同原理的主保护及 2 套后备保护（近后备保护和远后备保护）的保护配置模式为基准，计及保护的误动故障和拒动故障，同时计及继电保护装置的自检功能，将误动分为可自检误动和不可自检误动，拒动同理分为可自检拒动和不可自检拒动，绘制出继电保护系统的状态空间转移图，用以表征继电保护系统的运行行为，如图 5-2 所示。

设定 E 表示被保护设备，M1 和 M2 分别表示 1 号主保护和 2 号主保护，LP 和 RP 分别表示近后备保护和远后备保护。此外用 U 表示正常状态，D 表示故障状态，OISO 表示外部故障时由于保护误动使 E 被错误切除，SJ 和 JD 分别表示可自检拒动和不可自检拒动，SW 和 WD 分别表示可自检误动和不可自检误动。相关假设条件如下：

（1）各保护单元的故障有先后时序，不会同时发生。

（2）由于误动故障后果均等，故只考虑一维误动。

（3）不考虑断路器故障和人为失误。

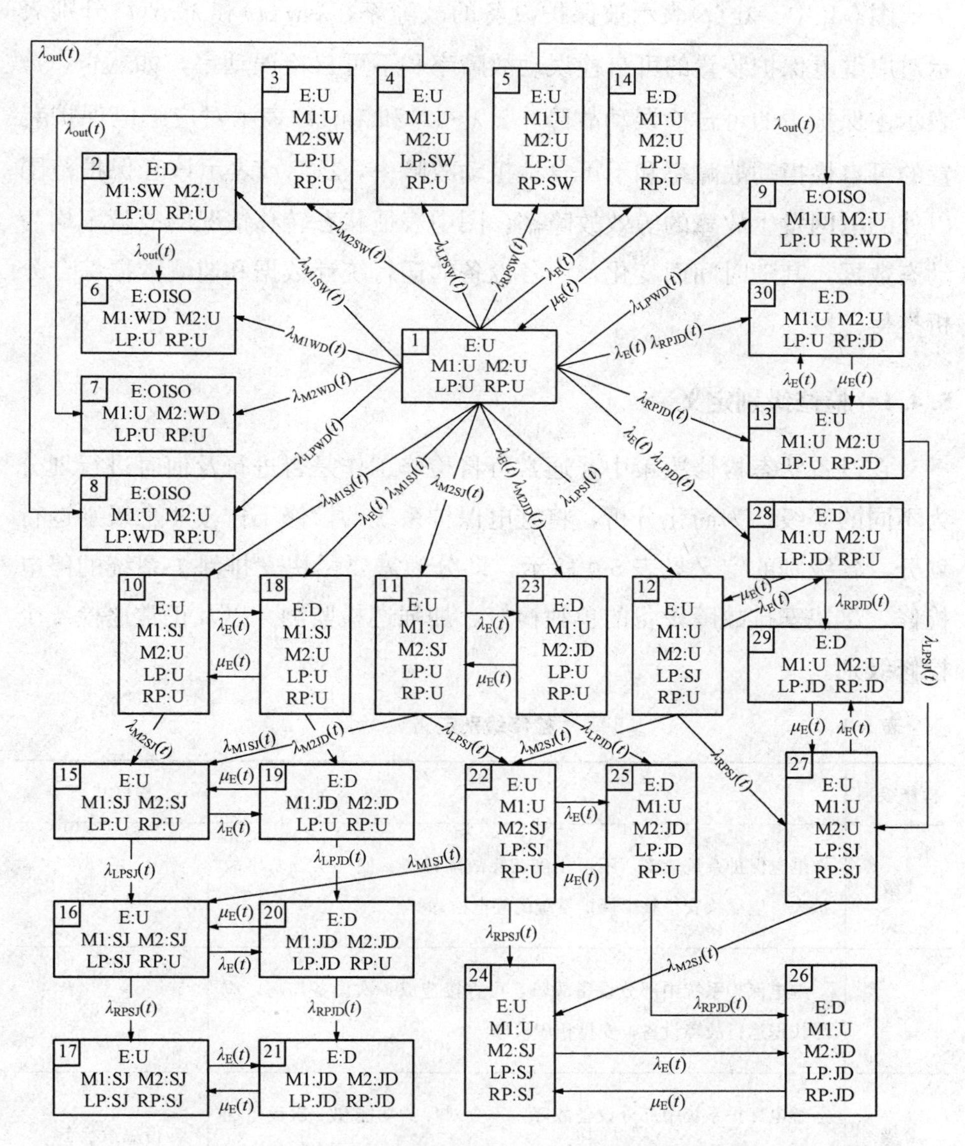

图 5-2 计及保护自检的 2 套主保护和远、近后备保护系统的状态空间图

图 5-2 中，$\lambda_{E}(t)$表示被保护设备的故障率，$\lambda_{SW}(t)$和 $\lambda_{WD}(t)$分别表示对应继电保护装置的可自检误动故障率和不可自检误动率，如$\lambda_{M1SW}(t)$表示主保护 1 的可自检误动故障率，$\lambda_{SJ}(t)$和 $\lambda_{JD}(t)$表示对应继电保护装置的可自检拒动故障率和不可自检拒动故障率，$\lambda_{out}(t)$表示该套保护范围以外的电网发生故障的等效故障率。图中表征状态转移情况的故障率均为动态数据，其随时间而变化，由各设备的运行统计数据和监测数据综合分析推得。

5.4.1 检修级别定义

在设备状态检修决策中，通常可将检修工作是否进行及何时进行划分为不同的等级。为简化分析，将继电保护系统的检修工作按 4 个级别进行划分，各级别的定义见表 5-4 所示，即分为需要尽快安排保护系统的停电检修、尽快安排故障设备的单独检修、加强巡检监测，以及正常巡检 4 个检修级别。

表 5-4 检修级别定义

检修级别	定　义	检修状态
4 级	继电保护系统瘫痪，不可正确切除故障设备，使一次设备事故扩大，应尽快安排整个保护系统的停电检修	21
3 级	继电保护系统中部分设备故障，可直接造成一次设备停运，应尽快退运行故障设备，安排相应检修	6，7，8，9
2 级	继电保护系统中部分设备故障，不会对保护功能和一次设备的正常工作造成影响，不安排检修，加强常规巡检，加强信息监测	待决策状态
1 级	继电保护系统正常工作，不安排检修，进行正常的巡视和监测	1，14

分析表 5-4 可知，1 级检修为系统的正常状态，进行常规巡检即可；2 级检修为存在轻微故障的次正常状态，应加强巡检和监测；3 级检修为部分故障状态，应将故障设备退运行，安排相应检修；4 级检修为严重故障状态，应安排整个继电保护系统的停电检修。

对照表 5-4 的定义，通过对状态空间图中的 30 个系统运行状态进行后果分析后可知，系统中的状态 1 和状态 14，保护设备均正常工作，继电保护系统处于正常状态，不需要安排维修，故其属于 1 级检修级别；而状态 6～9 均存在保护设备的误动故障，可直接造成一次设备的停电事故，但将故障保护设备退出运行后，保护系统仍然可以正常运作，故可对其进行 3 级检修；状态 21 中 4 套保护设备均存在拒动故障，保护系统瘫痪，需立即安排整个继电保护系统的停电检修，故该状态属于 4 级检修。剩余系统状态为介于正常和故障间的中间状态，需建立相关检修决策判据对其检修级别进行判定。

5.4.2　状态转移途径及转移率分析

通过状态分析，确定在配置有 2 套主保护、1 套近后备保护和 1 套远后备保护的情况下，继电保护系统有 7 个检修级别可直接确定的系统状态（即检修状态，且通过分析可知，其中仅有状态 21 和状态 6～9 为可转入的检修状态），23 个检修级别未知的系统状态，这 23 个状态的检修级别由其进入各检修状态的可能性，即状态间的转移率决定。

由图 5-2 的状态空间图可知，各相关状态间均是串联结构，则系统状态向检修状态的总体转移率可由各环节的转移率直接相乘得到[12]，即状态 i 向检修状态的动态转移率为

$$P_{i\rightarrow j}(t)=\max\left[\prod_{x=1}^{N_1}\lambda_x(t),\prod_{x=1}^{N_2}\lambda_x(t),L,\prod_{x=1}^{N_j}\lambda_x(t)\right] \tag{5-22}$$

其中，j 表示系统的检修状态总数，N_j 表示状态 i 向第 j 个检修状态

转移时的转移次数；$\lambda_x(t)$表示当前时刻某个转移的转移率，可由该转移包含的继电保护装置各类故障率综合求取，即

$$\lambda_x(t) = \prod \lambda_{\text{mod}}(t) \tag{5-23}$$

式中：mod 代表转移 x 所包含的故障或故障隐患的类型；$\lambda_{\text{mod}}(t)$则为各故障类型所对应的动态故障率，可通过统计分析同型号、同批次大样本的保护设备的历史运行、维修情况记录求得，计算式如下

$$\lambda_{\text{mod}}(t) = \frac{N_{\text{mod}}(t)}{M(t-t_0)/8760}(\text{次}/\text{年}) \tag{5-24}$$

式中：M 为统计样本的数量；t 为统计的截止时刻；t_0 为该批次设备的出厂时间，即统计的起始时刻；$N_{\text{mod}}(t)$为 $t_0 \sim t$ 时间段内故障模式 mod 发生的次数。

图 5-2 中包含的可自检和不可自检拒动率，以及可自检和不可自检误动率均可由式（5-23）求取。以状态 22 为例，其对应的状态转移路径如图 5-3 所示。

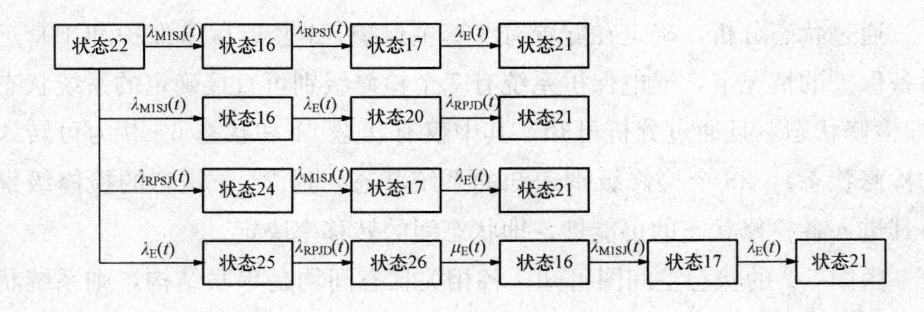

图 5-3　状态 22 向检修状态的转移路径

图中状态 22 向检修状态的转移途径状态 22 仅可向检修状态集中的状态 21 转移，且存在 4 条不同的转移途径，于是状态 22 的动态转移率为

$$P_{22\to21}(t)=\max\begin{Bmatrix}\lambda_{\mathrm{M1SJ}}(t)\lambda_{\mathrm{RPSJ}}(t)\lambda_{\mathrm{E}}(t),\\ \lambda_{\mathrm{M1SJ}}(t)\lambda_{\mathrm{E}}(t)\lambda_{\mathrm{RPJD}}(t),\\ \lambda_{\mathrm{RPSJ}}(t)\lambda_{\mathrm{M1SJ}}(t)\lambda_{\mathrm{E}}(t),\\ \lambda_{\mathrm{E}}(t)\lambda_{\mathrm{RPJD}}(t)\mu_{\mathrm{E}}(t)\lambda_{\mathrm{M1SJ}}(t)\lambda_{\mathrm{E}}(t)\end{Bmatrix} \tag{5-25}$$

式中涉及的各类故障率数据均可由式（5-24）求得。

5.4.3 检修决策判据

根据 5.4.2 节内容求取到各系统运行状态向检修状态的转移率后，应参照不同检修级别的检修判据对该运行状态的检修级别进行判定。

设系统运行状态 i 可转入 $m(m\in[2,4])$级检修对应的检修状态，则 m 级检修的决策判据为：

（1）m 级检修应设定 $m-1$ 个决策门槛值，即

$$D_m=\{d_{m2},L\cdots,d_{mm}\} \tag{5-26}$$

其中，$d_{mm}>d_{m(m-1)}>\cdots>d_{m2}$。

（2）从最高位的门槛值 d_{mm} 开始判定，当转移率 $P_n(t)\geqslant d_{mm}$ 时（其中 n 为转移路径编号），即

$$P_n(t)\geqslant d_{mm} \tag{5-27}$$

则判定状态 i 属于 m 级检修。

（3）若 $P_n(t)$不满足式（5-27），则顺次采用 $d_{m(m-1)}$ 进行判定，当 $P_n(t)\geqslant d_{m(m-1)}$时，即

$$P_n(t)\geqslant d_{m(m-1)} \tag{5-28}$$

则判定状态 i 属于（$m-1$）级维修。

（4）若 $P_n(t)$同样不满足式(5-28)，则采用其后一位判定值进行判定，直至 d_{m2}，若 $P_n(t)$仍小于 d_{m2}，则判定状态 i 属于 1 级检修。

5.5 算 例 分 析

以实际算例说明检修决策方法的实现方式。由于继电保护装置各故障率的计算需要大量样本数据，统计工作量繁琐，为简化计算阐明方法，设某一时刻 t 下，被保护设备的故障率为 λ_E（t）$=0.062$ 次/年，修复率为 μ_E（t）$=0.03$ 次/年，外部网络等效故障率为 $\lambda_{out}(t)=0.05$ 次/年。且各保护设备通过统计分析其同型号、同批次设备的运行维修数据后，得其可靠性参数见表 5-5 所示。

表 5-5 中，$\lambda_{SW}(t)$、$\lambda_{WD}(t)$、$\lambda_{SJ}(t)$和 $\lambda_{JD}(t)$分别为保护装置在 t 时刻自检出误动故障的概率、不可自检误动故障发生的概率、自检出拒动故障的概率和不可自检拒动故障发生的概率；$\lambda_{out}(t)$表示该套保护范围以外的电网在 t 时刻发生故障的等效故障率。此外，由图 5-2 的分析可知，该配置下仅 3 级检修和 4 级检修为可转入的检修级别，则根据检修判据，设定 3 级检修和 4 级检修的判据门槛值分别为

$$D_3=\{0.001,\ 0.01\}$$

$$D_4=\{0.00001,\ 0.0001,\ 0.001\}$$

表 5-5　　t 时刻保护设备参数表

设备名称	设备参数（次/年）			
	$\lambda_{SW}(t)$	$\lambda_{WD}(t)$	$\lambda_{SJ}(t)$	$\lambda_{JD}(t)$
1 号主保护	0.17	0.45	0.05	0.22
2 号主保护	0.10	0.50	0.08	0.13
近后备保护	0.06	0.31	0.005	0.09
远后备保护	0.04	0.25	0.07	0.13

根据式(5-22)可算得各个系统状态的状态转移率见表 5-6 所示。

表 5-6　　状态转移率

路径编号 n	转移方向	维修级别	$P_n(t_0)$
1	2→6	3	0.05
2	3→7	3	0.05
3	4→8	3	0.05
4	5→9	3	0.05
5	17→21	4	0.062
6	24→21	4	0.0031
7	26→21	4	0.000093
8	13→21	4	0.00002
9	27→21	4	0.000248
10	29→21	4	0.00000744
11	30→21	4	0.00000124
12	16→21	4	0.00806
13	20→21	4	0.13
14	25→21	4	0.0000121
15	22→21	4	0.000403
16	28→21	4	0.000000967
17	19→21	4	0.0117
18	12→21	4	0.0000322
19	15→21	4	0.000725
20	23→21	4	0.00000109
21	11→21	4	0.00000109
22	18→21	4	0.00152
23	10→21	4	0.0000943

于是有：

（1）对转入3级检修级别的状态的判定为满足 $P_n > d_{33} = 0.01$ 的转移率集合为 $P = \{P_1, P_2, P_3, P_4\}$，即状态2、状态3、状态4、状态5均可进行3级检修。

（2）对转入4级检修级别的状态的判定为：

1）满足 $P_n > d_{44} = 0.001$ 的转移率集合为 $P = \{P_5, P_6, P_{12}, P_{13}, P_{17}, P_{22}\}$，即状态16、状态17、状态18、状态19、状态20和状态24均可进行4级检修。

2）满足 $P_n > d_{43} = 0.0001$ 的转移率集合为 $P = \{P_9, P_{15}, P_{19}\}$，即状态15、状态22、状态27可进行3级检修。

3）满足 $P_n > d_{42} = 0.00001$ 的转移率集合为 $P = \{P_7, P_8, P_{14}, P_{18}, P_{23}\}$，即状态10、状态12、状态13、状态25、状态26可进行2级检修。

4）剩余路径 $\{P_{10}, P_{11}, P_{16}, P_{20}, P_{21}\}$ 的转移概率小于各级判定门槛值，则其对应的状态11、状态23、状态28、状态29、状态30归为1级检修，进行正常巡视监测即可。

5.6 本章小结

本章建立了计及不同保护配置方案的马尔可夫模型，给出继电保护系统的状态空间图，获得不同保护配置状态下的继电保护系统整体可靠性指标的计算公式。所做工作有利于计算不同原理或不同厂家继电保护装置(通常具有不同的可靠性水平)组成的继电保护系统的可靠性，有利于分析继电保护系统拒动和误动给电力系统安全所带来的不同风险。既反映了影响继电保护系统可靠性的主要因素，又使电网风险分析及可靠性评估所需的保护模型更准确。

在量化分析继电保护系统可靠性指标的基础上，以高压输电系统继电保护的典型配置方案为例，进一步绘制计及微机继电保护自检状态的继电保护系统的状态空间图，并通过相应的状态后果分析，定义4类检修级别及各检修级别对应的检修状态，同时计算当前状态到检修状态的状态转移率，当此转移率大于设定的门槛值时，则判定该保护进入对应检修状态的概率大，应及时采取对应的检修措施。

6

计及一次系统风险的继电保护状态维修策略

6.1 引　言

第5章重点论述了如何根据继电保护系统的可靠性进行维修决策，维修决策关注的重点只是保护设备本身，而没有考虑保护维修对被保护设备及电力系统运行风险的影响。由于电力系统生产运行很大程度受制于气象因素，电力设备日常运行、检修、事故抢修等许多工作与天气因素息息相关，特别是长距离高压输电线路多数直接暴露在复杂的气象环境之中，经常受到恶劣天气和气象灾害的影响。恶劣天气下被保护设备的故障率和系统发生故障的可能性明显增大，这种情况下最需要继电保护发挥作用，若此时保护处于维修停运状态将给电力系统的安全运行带来损失。另外，继电保护装置维修停运期间被保护设备受气象条件影响，电力系统运行风险也会随之增大。特别是输电网大部分设备处于户外，对于大型输电网络，不同的输电设备往往跨越了几个气候区，同一时刻可能处在不同的气象条件下[138]。根据以往的运行经验可以发现大多数元件的故障率随气象条件的变化而变化，因此继电保护维修时间的选择需考虑不同维修时刻对一次系统风险的影响，应选择电力系统运行风险最小的时间内进行维修。

本章重点考虑气象对一次系统风险的影响，对不同气象条件、不同维修时刻继电保护维修对一次系统的风险计算方法进行了研究，提出了计及不同气象条件的继电保护维修决策方法，为科学开展继电保护状态维修工作打下基础，对制定保护状态维修决策具有一定的指导意义。

6.2 气象条件对电力系统设备运行状况的影响

恶劣天气给电力系统的安全运行带来巨大风险，近几年的安全生产统计显示：2003年4月某日，大雾造成华东电网10余条220kV线路跳闸；

2005年夏天，恶劣天气造成华中电网110kV以上电压等级线路跳闸30多起；2007年3月3日、4日两天，暴雪造成东北电网50余条高压线路开关跳闸；2008年1月中下旬发生的多年难遇罕见的极端恶劣暴风雪天气对我国南方电网、华中和华东(部分)电网安全运行构成严重维修，数千条高压线路跳闸，发生电网局部瓦解。恶劣天气造成的电网运行危害呈上升趋势。

每年春夏两季，沿海地区多台风、暴雨连绵；东南沿海北上的暖湿气流与北方南下的冷空气在华北、华中和长江中下游地区上空遭遇，使干冷、干暖的气候转化为湿冷、湿暖的雾湿和小雨气候；秋末冬初受北方寒流南下影响，西北、华北狂风肆虐，尘沙飞扬。各地区电网都有过恶劣天气造成的变电站全部停电，电网污闪；覆冰压断线路、绝缘子串断串落地；支柱绝缘子断裂、狂风倒塔；雨水渗入断路器控制机构、设备跳闸；雾湿空气进入室外高压断路器端子箱、控制箱等发生二次回路受潮短路、继电保护或断路器误跳闸等事故[139-142]。由此可见气象条件对电网运行造成的危害不容忽视。

我国是发生输电线路覆冰事故较多的国家之一，覆冰事故已严重威胁了我国电力系统的安全运行，并造成了巨大的经济损失。华中的湖北、湖南、江西、河南等省及三峡地区，西南的云南、贵州、四川，华北的河北、山西及京津唐地区，西北的青海、宁夏等省(区)都发生过输电线路覆冰事故[143]。大面积覆冰事故在全国各地时有发生，国家电网公司统计资料表明，2006年1月～2007年6月，由覆冰引起的500kV线路跳闸13次，占总跳闸数的8.84%，由覆冰引起的500kV线路非计划停运4次，占总停运次数的11.11%[144]。近些年来全国典型覆冰事故统计如图6-1所示。

对电力系统安全运行构成威胁的气象条件除覆冰之外，还有如雷电、风暴、洪水及由恶劣天气引起的地质类灾害(如地震、泥石流)，气象灾害

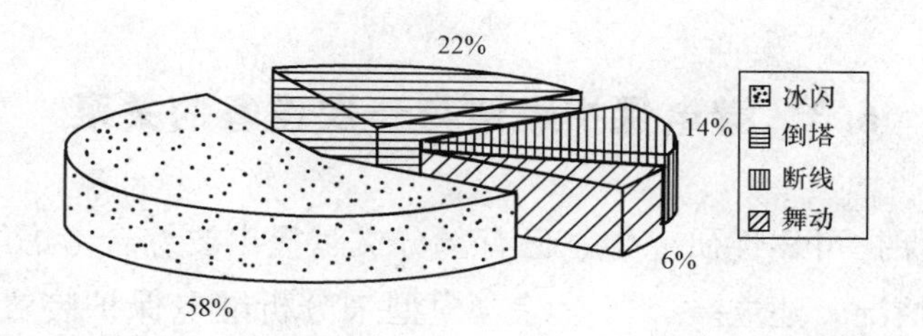

图 6-1　1999～2007 年全国典型覆冰事故统计

所造成的损失层出不穷，某地区主网架线路所遭受的灾害见表 6-1。

表 6-1　　主网架线路所遭受的灾害

年份	电压等级/kV	受灾次数/次	时间范围(月/日)	地形特点	气象条件	灾害类别
2007	110～220	25	6/4～9/10	山地	雷雨天气	雷击
2008	110	32	3/17～7/19	山地	雷雨天气	雷击

经分析，雷击所造成故障随着线路距离和覆盖面的增加、电力设备的增多而增加，所造成的损失主要表现在以下 2 个方面：一是售电量损失较大。受害线路均为主网线路，所带负荷重，雷击后重合闸时间和事故处理时间对售电量的损失非常大。二是直接设备损失大。除线路设备受损外，其他电力设备，如变压器，在每年的气象灾害天气中所受损失也十分严重[145]。

随着全球气候变暖，极端天气事件发生的可能性加大，气象灾害对电力系统安全稳定与经济运行有巨大影响。因此，合理进行电网规划与设计，电力系统运行结合气象部门的气象数据提前做好工作部署，加强与气象、交通、通信等公共事业的灾害防御系统之间的信息共享，减少与避免气象灾害带来的不利影响，提高电力系统的供电可靠性，为社会经济发展提供保障势在必行。

6.3 继电保护维修与一次设备的关系

在继电保护可靠性研究中，已有部分文献提出要综合考虑继电保护和一次设备的情况，建立一、二次综合模型来分析继电保护装置的可靠性。继电保护装置的拒动失效只有和被保护设备故障同时发生时，继电保护装置失效才能显现；继电保护的误动失效通常也是在一次系统遭受扰动冲击时而显现。因此，希望继电保护系统的维修与一次设备的维修综合考虑。

6.4 计及气象条件的继电保护装置维修风险分析

6.4.1 风险指标

影响输电设备可靠性的气候形式可能多种多样，如雷害、覆冰、降雨、大风、高温、自然灾害等，都可导致输电元件故障率增大。

系统风险评估的目的是掌握在输电设备因继电保护装置维修而停运期间一次系统风险的量化水平，通过避开高风险时段确定继电保护装置的维修时刻。

一次系统风险评估通常采用预想故障分析和最优潮流的计算，识别系统失效状态并计算负荷削减量，通过可靠性评估得到可靠性指标，如期望缺供电量、负荷供应能力、电力不足概率等[146]。

本章采用期望缺供电量(EENS，Expected Energy Not Supplied)作为风险指标，这样可把失效频率与失效后果结合为统一的风险指标进行风险评估。

在电力系统可靠性评估中期望缺供电量可用式(6-1)计算，即

$$E = \sum_{i \in S} C_i F_i D_i \tag{6-1}$$

式中：S 为给定时间区间内不能满足负荷需求的系统状态全集；C_i 为状态 i 条件下削减的负荷功率；F_i 为系统处于状态 i 的频率；D_i 为状态 i 的持续时间。

6.4.2 未考虑气象因素的可靠性参数

传统的电力系统可靠性评估模型反映系统长期的可靠性水平，以往电力部门在进行可靠性数据收集时，并没有区分不同气候条件下的不同故障率，只是按年平均故障率进行收集。大多数数据收集系统提供的是失效频率 f 和修复时间 t 。传统的电力系统可靠性评估模型对单个设备的失效频率通常用年平均失效次数来估计，即

$$f=\frac{N_{\mathrm{f}}}{T} \tag{6-2}$$

式中：N_{f} 为一个设备在所考察的时间期间 T（年）内发生可修复失效的次数；T 为计算强迫失效的频率时，整个经历的时间减去非强迫停运的时间（计划检修和其他计划停运）。

6.4.3 计及不同气象因素的继电保护装置维修风险分析

由式(6-2)所得的 f 仅仅是与正常气候和不利气候都有关的一个设备失效的统计量，并不能实际的表示设备的特性，因而掩盖了气候等环境因素对可靠性的影响。

工程实践表明，不同气象条件下电气设备的故障率差异较大，其对电网的可靠性影响也有较大不同。因此，本章提出更为合理的方法是按继电保护装置维修期间所处气象条件下的多年设备故障率计算被保护设备的失效率，可用式(6-3)来表示考虑不同天气条件下的设备失效频率为

$$f_{\mathrm{w}i}=\frac{\sum_{i=1}^{Y}N_{\mathrm{f}i}}{\sum_{i=1}^{Y}T_{\mathrm{w}i}} \tag{6-3}$$

式中：f_{wi}为某种气候形式下某一设备的失效频率；i表示年数；Y表示统计区间；N_{fi}为第i年内在某种气候条件下某一设备发生失效的次数；T_{wi}是第i年内某种气候持续的时间(小时)。根据电力部门提供的在某种气候条件下出现故障的统计资料，以及气象部门提供的不同地域某种气候的持续时间统计资料计算出发生失效的频率，最后采用条件抽样技术可确定任何时段、任何地域的设备失效频率值。

结合某地区电力部门提供的失效数据与气象部门的气候资料，1998～2007年该地区不同地理区域内两条330kV输电线路在不同气候条件下发生故障统计具体数据见表6-2。

表6-2　不同气象条件下的线路失效数据

气象条件	失效频率(次/h)		修复时间(h/次)	
	L_1	L_2	L_1	L_2
雷害	0.00625	0.00683	8.17	9.55
覆冰	0.0056	0.0048	15.3	12.6
降雨	0.0018	0.0019	3.58	3.23
大风	0.0028	0.0022	5.85	5.10
高温	0.0016	0.0021	6.32	7.51
自然灾害	0.0042	0.0053	18.36	19.07
正常	0.0013	0.0017	1.96	2.15

不同气候条件下的线路失效频率如图6-2所示。

从表6-2的数据可知，该区雷害的季节性与覆冰的季节性突出，随着季节的转换，气候突变会造成输电线路故障频繁。处在雷害、覆冰等气候条件下输电线路的失效频率明显高于正常气候条件下的失效频率。若不考

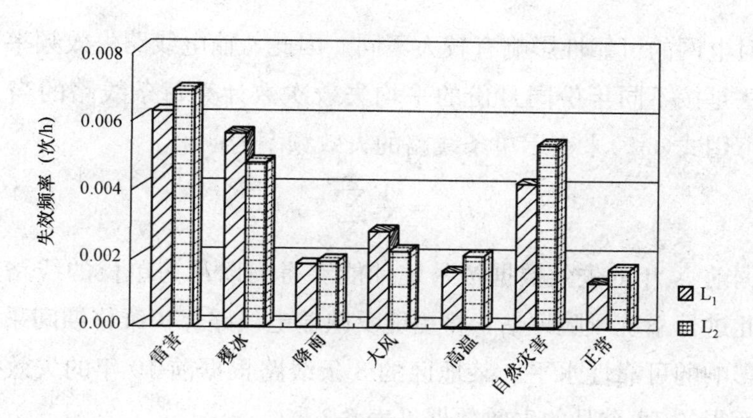

图 6-2　不同气候条件下的线路失效频率

虑气候影响时的可靠性计算结果在某些情况下会产生比较大的误差，偏于乐观。从图 6-2 可以看出不同地理区域内气候的差异性及对线路失效频率影响的差异。

假设输电设备保护维修停运时间为 T，线路的失效频率为 f_W，维修停运期间平均削减负荷 C 的时长为 t，则风险指标期望缺供电量 $EENS$ 为

$$EENS = f_W \times T \times 24 \times t \times C \tag{6-4}$$

式中：f_W 为线路失效频率；T 为维修停运持续时间(天)；t 为修复时间；C 为维修期间削减的负荷功率。

该方法适用于保护设备状态处于偏离正常状态，应尽快维修的情况下，利用气象部门提供的气象信息得知被保护设备及系统中其他设备短时间内所处的气象条件，根据不同气象条件下设备的失效数据通过可靠性评估得到保护维修风险指标，将量化的风险指标进行比较得出对系统风险影响最小的输电设备保护维修计划。

6.4.4　基于不同气象阶段的继电保护装置维修风险分析

实践表明，每年不同月份的气象条件差异较大，即不同气象阶段的气

象条件对电网的可靠性影响有较大不同。因此，输电线路失效频率更为合理的方法是按不同年份同月份的平均失效次数计算每条线路的当月失效率，即可用式(6-5)来表示单条线路的失效频率为

$$f_{\mathrm{m}} = \frac{1}{N}\sum_{i=1}^{N} f'_{i\mathrm{m}} \tag{6-5}$$

根据前 N 年的失效数据按月统计能够得到以月为单位的线路失效频率，用此进行系统风险评估，将更能反映输电线路保护维修期间系统受气象因素影响的可靠性水平。某地区的 3 条线路根据前 10 年的失效数据按月统计而得的 12 个月的失效数据见表 6-3。

表 6-3　输电线路多年月平均失效数据

月份	失效频率/(次/月)		
	线路 1	线路 2	线路 3
1	1.015	0.996	0.926
2	1.030	1.032	0.772
3	0.312	0.326	0.480
4	0.437	0.379	0.391
5	0.326	0.247	0.223
6	0.486	0.653	0.650
7	0.551	1.064	0.843
8	1.008	0.93	0.907
9	0.294	0.455	0.218
10	0.655	0.170	0.463
11	0.714	0.668	0.382
12	0.951	0.982	0.896

图 6-3 表示线路失效频率在不同月份内的变化，从图中可以看出气象因素对线路失效频率大小的影响。

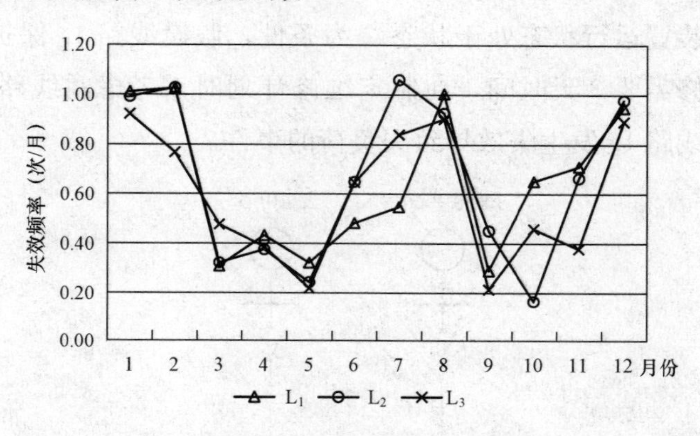

图 6-3 不同月份内的线路失效频率图

设某输电线路保护维修时该线路停运时间为 T，其他线路的平均失效频率可表示为 $f_{\mathrm{m}}\times T\times 24/n$，维修停运期间平均削减负荷为 C 的时长为 t，则风险指标期望缺供电量 $EENS$ 可用式(6-6)来计算，即

$$E = f_{\mathrm{m}}\times T\times(24/n)\times t\times C \tag{6-6}$$

式中：f_{m}为输电线路的失效频率；T 为输电线路保护维修停运持续时间；t 为修复时间；C 为维修期间削减的负荷功率。

该方法适用于保护设备状态处于状态一般，加强监视，可安排维修的情况下，对在不同月份内保护维修带来的系统风险进行分析，定量评估风险指标并进行比较从而决策确定最佳维修时间。

6.5 算 例 分 析

实例一：如图 6-4 所示，发电中心 1 和发电中心 2 分别通过线路 L_1 和线路 L_2 给负荷中心供电，根据设计，两条线路可以并列运行，同时给负荷中心供电，也可相互作为备用对负荷中心供电。假定发电中心 100％可靠，负荷中心用集中总负荷表示。线路 L_1、线路 L_2 处于不同地理区域，以继电保护装置运行状态处于状态 2 为条件，假设线路 L_1 保护由于某种缺陷对其维修需要 3 天时间，在制定维修计划时需考虑在线路 L_1 保护维修停运期间线路 L_2 发生失效导致失负荷的事件。

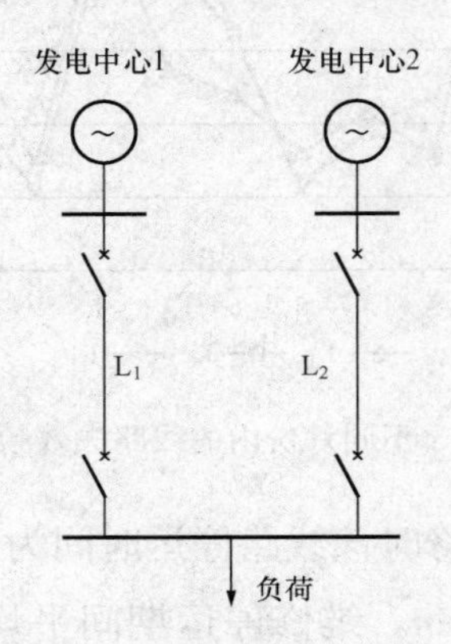

图 6-4　简单供电系统结构图

现阶段制定线路 L_1 保护维修计划并没有考虑维修停运期间的气候因素，忽略了系统中其他线路 L_2 所处气候条件可能带来的系统风险。一条长距离输电线路在同一时刻也有可能处在不同的气候状态下，在这里只考虑最严重的气候影响因素，若线路的某一部分发生失效，整条线路都将被迫停运。因此，需要计算不同气候条件下线路 L_2 失效带来的风险。

线路 L_2 在不同气象条件下的失效数据及修复时间见表 6-1。根据负荷预测得到在线路 L_1 保护维修停运的 3 天内该地区平均每小时负荷为 1025MW。利用式(6-4)计算风险指标 *EENS* 结果见表 6-4。

表 6-4　　在不同气象条件下进行维修时线路 L_1 的 *EENS*

气候条件	*EENS*/MWh
雷害	4813.7
覆冰	4463.42
降雨	452.91
大风	828.04
高温	1163.09
自然灾害	7459.04
正常	269.74

从以上结果可见：线路 L_2 在正常天气下与其他气候条件下的期望缺供电量相差很大，说明了不同的天气条件对系统可靠性有着相当大的影响。因此在制定线路 L_1 保护的维修计划时有必要考虑线路 L_2 所处的气候条件可能引起的系统风险的改变。

实例二：以图 6-5 所示 3 条 110kV 线路为例。

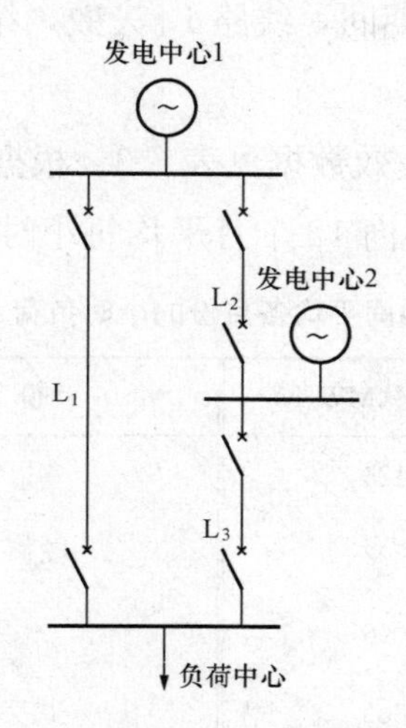

图 6-5　供电系统结构图

根据设计，线路 L_1 和线路 L_3 的额定容量都能满足最大负荷要求，但是发电中心 2 的额定容量只有 500MW，当只有发电中心 2 供电时，会引起部分失负荷。假设线路 L_1 保护由于某种缺陷对其维修需要 4 天，线路 L_2 保护和线路 L_3 保护由于缺陷对其维修都需要 2.5 天。假定发电中心 100%可靠，负荷中心用集中总负荷表示，且不考虑两重强迫失效(如线路 L_1 保护维修期间线路 L_2、线路 L_3 均停运)，这是因为在维修期间内它们发生的概率非常低，可以忽略不计。

事件Ⅰ：在线路 L_1 保护维修停运时间内，线路 L_2 失效，维修期间削减的负荷功率 $C=P_m-500$，P_m 为平均每小时负荷水平。

事件Ⅱ：在线路 L_1 保护维修停运时间内，线路 L_3 失效，维修期间削减的负荷功率。

因此，线路 L_1 保护维修期间的期望缺供电量为 $E=E(\text{Ⅰ})+E(\text{Ⅱ})$。

线路 L_2 保护维修停运期间，线路 L_1 失效，维修期间削减的负荷功率 $C=P_m-500$。

线路 L_3 保护维修停运期间，线路 L_1 失效，维修期间削减的负荷功率 $C=P_m$。

该系统中 3 条线路的失效数据见表 6-3。根据前 10 年的负荷水平统计记录，表 6-5 为该系统 1 年内 12 个月平均每小时负荷水平 P_m。

表 6-5　　维修期间平均各月份的小时负荷水平

月份	负荷水平(MW/h)	月份	负荷水平(MW/h)
1	1125	7	1255
2	1202	8	1242
3	1096	9	1187
4	1083	10	1193
5	1107	11	1085
6	1118	12	1108

为计算方便，假设每条线路修复时间在各个月内都相同，$t_{L_1}=7.25$h/次，$t_{L_2}=5.18$h/次，$t_{L_3}=2.23$h/次。利用式(6-6)计算风险指标 *EENS* 结果见表 6-6。

表 6-6　　线路保护维修期间的 ***EENS*** 期望值

月份	E_{L_1}/MWh	E_{L_2}/MWh	E_{L_3}/MWh
1	715.825	370.905	667.63
2	831.72	468.05	801.425
3	281.24	110.73	201.94
4	278.51	153.925	285.935
5	171.24	113.6	208.905
6	494.79	181.46	327.775
7	841.35	243.23	404.305
8	785.365	437.3	731.98
9	292.83	122.03	210.84
10	237.68	265.395	456.875
11	393.135	252.355	468.04
12	684.725	338.065	616.08

由计算结果可知：线路保护在 5 月份维修的期望缺供电量最小，线路保护和线路保护在 3 月份维修的期望缺供电量最小，以此类推可以确定出不同线路的保护最佳维修时间。

6.6　本　章　小　结

传统的维修决策关注的重点只是设备本身，而忽略了继电保护装置维修对被保护设备及电力系统运行风险的影响。本章分析了继电保护维修与一次设备的关系，以及继电保护维修决策制定中计及一次系统风险的必要性。根据不同气象条件下一次系统风险不同的特点，以输电设备保护为例，研究继电保护维修时刻的决策方法。建立基于不同气象条件、不同维修时刻继电保护维修对一次系统的风险计算方法和模型。算例证明了所提方法的有效性，从而为制定继电保护装置最优维修计划提供了更为完善的思路。

参 考 文 献

[1] Western system coordinating council. WSCC disturbance report of August 10，1996 Outage[R]. October 18，1996.

[2] 姜涛. 继电保护状态检修实际应用的研究[D]. 杭州：浙江大学，2008.

[3] Lee H. J.，Ahn B. S.，Park Y. M.. A fault diagnosis expert system for distribution substations [J]. IEEE Trans. on Power Delivery，2000，15(1)：92-97.

[4] 秦红霞，董张卓，孙启宏，等. 基于面向对象技术的变电站故障诊断及恢复处理专家系统：(一)总体设计与建模 [J]. 电力系统自动化，1996，20(9)：17-21，25.

[5] 秦红霞，董张卓，孙启宏，等. 基于面向对象技术的变电站故障诊断及恢复处理专家系统：(二)故障诊断及恢复处理[J]. 电力系统自动化，1997，21(2)：37-41.

[6] 张东英，钟华兵，杨以涵，等. 解释型变电站故障诊断专家系统[J]. 华北电力大学学报，1998，25(1)：1-7.

[7] Yang H. T.，Chang W. Y.，Huang C. L.. A new neural network approach to on-line fault section estimation using information of protective relays and circuit breakers [J]. IEEE Trans. on Power Delivery，1994，9(1)：220-230.

[8] 杜一，郁惟镛，文华龙. 采用神经网络和专家系统的变电站故障诊断系统[J]. 电力系统及其自动化学报，2003，15(5)：28-29.

[9] 张东英，钟华兵，杨以涵，等. 基于 BP 神经网络和专家系统的变电站报警信息处理系统 [J]. 电力系统自动化，2001，25(9)：45-47.

[10] Hong S.，Zhao S. F.. A novel substation fault diagnosis approach based on RS and ANN and ES [C]. Proceedings of 2006 International Conference on Communications，Circuits and Systems Proceedings，June 25-28，2006，Guilin，China：2124-2127.

[11] 刘应梅，杨宛辉，章健. 基于 ANN 的变电站故障诊断系统及其容错性[J]. 继电器，2000，28(9)：19-22.

[12] 毕天姝，倪以信，吴复立．基于新型神经网络的电网故障诊断方法[J]．中国电机工程学报，2002，22(2)：73-78.

[13] 赵洪山，米增强，杨奇逊．基于冗余嵌入 Petri 网技术的变电站故障诊断[J]．电力系统自动化，2002，26(4)：32-34.

[14] 张明锐，徐国卿，贾廷纲．基于 Petri 网的变电站故障诊断方法[J]．信息与控制，2004，33(6)：740-744.

[15] 王建元，纪延超．模糊 Petri 网络知识表示方法及其在变压器故障诊断中的应用[J]．中国电机工程学报，2003，23(1)：121-125.

[16] Sun J.，Qin S. Y.，Song Y. H.. Fault diagnosis of electric power systems based on fuzzy petri nets [J]. IEEE Trans. on Power Systems. 2004，19(4)：2053-9.

[17] Luo X.，Kezunovic M.. Implementing fuzzy reasoning Petri-Nets for fault section estimation [J]. IEEE Trans. on Power Delivery，2008，23(2)：676-685.

[18] 刘菁，解大．基于粗糙集理论和信息融合的变电站故障诊断方法[J]．继电器，2007，35(6)：5-9.

[19] 赵峰，苏宏升．证据理论和粗糙集在变电站故障诊断中的应用[J]．电力系统及其自动化学报，2009，21(2)：42-46.

[20] Dong H. Y.，Zhang Y. B.，Xue J. Y.. Hierarchical fault diagnosis for substation based on rough set [J]. Power System Technology，2002，4：2318-2321.

[21] 赵振宇，徐用懋．模糊理论和神经网络的基础与应用[J]．北京：清华大学出版社，1996.

[22] Cho H. J.，Park J. K.. An expert system for fault section diagnosis of power systems using fuzzy relations [J]. IEEE Trans. on Power Systems，1997，12(1)：42-348.

[23] Monsef H.，Ranjbar A. M.，Jadid S.. Fuzzy rule-based expert system for power system fault diagnosis [C]. IEE Proceedings—Generation，Transmission and Distribution，1997，144(2)：186-192.

[24] 辛建波，廖志伟．基于 Multi-agents 的智能变电站警报处理及故障诊断系统[J]．电力系统保护与控制，2011，16：83-88.

[25] 董海鹰，白建社，薛钧义．一种基于多 Agent 的变电站故障诊断方法研究[J]．电

工电能新技术，2003，01：21-24.

[26] 董海鹰，白建社，薛钧义. 基于多 Agent 联合的变电站故障诊断模型[J]. 电力系统及其自动化学报，2002，05：20-24.

[27] Dong H. Y.，Xue J. Y.. An approach of substation remote cooperation fault diagnosis based on multi-agents [J]. Intelligent Control and Automation，2004，6：5170-5174.

[28] 熊小伏，陈星田，郑昌圣，等. 继电保护系统状态评价研究综述[J]. 电力系统保护与控制，2014，42(5). 51-58.

[29] 王野雷. 继电保护系统的可靠性概率指标估计及分析方法[J]. 继电器，1993，21(3)：50-57.

[30] 沈智健，熊小伏，周家启，等. 继电保护系统失效概率算法[J]. 电力系统自动化，2009，33(23)：5-8，97.

[31] 刘海涛，程林，孙元章，等. 基于实时运行条件的元件停运因素分析与停运率建模[J]. 电力系统自动化，2007，31(7)：6-11，44.

[32] 熊小伏，陈飞，周家启，等. 计及不同保护配置方案的继电保护系统可靠性[J]. 电力系统自动化，2008，32(14)：21-24.

[33] 王树春. 双重化继电保护系统可靠性分析的数学模型[J]. 继电器，2005，33(18)：6-10，14.

[34] 陈少华，马碧燕，雷宇. 综合定量计算继电保护系统可靠性[J]. 电力系统自动化，2007，31(15)：111-115.

[35] 吴文传，吕颖，张伯明. 继电保护隐患的运行风险在线评估[J]. 中国电机工程学报，2009，29(7)：78-83.

[36] 熊小伏，吴玲燕，陈星田. 满足广域保护通信可靠性和延时要求的路由选择方法[J]. 电力系统自动化，2011，35(3)：44-48.

[37] 熊小萍，谭建成，林湘宁. 基于动态故障树的变电站通信系统可靠性分析[J]. 中国电机工程学报，2012，32(34)：135-141，20.

[38] 张志军，孟庆波. 交流二次回路多点接地的解决方案[J]. 电力系统保护与控制，2009，37(23)：125-129.

[39] 王鹏，张贵新，朱小梅，等. 基于故障模式与后果分析及故障树法的电子式电流

互感器可靠性分析[J]. 电网技术，2006，30(23)：15-20.

[40] 王超，王慧芳，张弛，等. 数字化变电站继电保护系统的可靠性建模研究[J]. 电力系统保护与控制，2013，41(3)：8-13.

[41] Jiang K.，Singh C.. New models and concepts for power system reliability evaluation including protection system failures[J]. IEEE Trans. on Power Systems，2011，26(4)：1845-1855.

[42] 汪隆君，王钢，李博. 基于半马尔可夫过程的继电保护可靠性建模[J]. 电力系统自动化，2010，34(18)：6-10.

[43] 张雪松，王超，程晓东. 基于马尔可夫状态空间法的超高压电网继电保护系统可靠性分析模型[J]. 电网技术，2008，32(13)：94-99.

[44] 童晓阳，王晓茹，汤俊. 电网广域后备保护代理的结构和工作机制研究[J]. 中国电机工程学报，2008，28(13)：91-98.

[45] 戴志辉，王增平，焦彦军. 基于动态故障树与蒙特卡罗仿真的保护系统动态可靠性评估[J]. 中国电机工程学报，2011，31(19)：105-113.

[46] Phadke A. G.，Thorp J. S. Expose hidden failures to prevent cascading outages[J]. IEEE Computer Application in Power，1996，9(3)：20-23.

[47] Hunt R. K.. Hidden failure in protective relays：supervision and control[D]. Blacksburg，Virginia：Virginal Polytechnic Institute and State University，1998.

[48] Liu C. C.，Jung J.，Heydt G. T.，etal. The strategic power infrastructure defense (SPID) system：a conceptual design[J]. IEEE Control Syst. Mag.，2000，20(4)：40-52.

[49] Liu C. C.. Strategic power infrastructure defense (SPID)：a wide area protection and control system[C]. IEEE/PES Transmission and Distribution Conference and Exhibition 2002，Asia Pacific，2002：500-502.

[50] 熊小伏，刘晓放. 基于 WAMS 的继电保护静态特性监视及其隐藏故障诊断[J]. 电力系统自动化，2009，33(9)：11-15，19.

[51] 孙鑫，熊小伏，杨洋. 基于故障录波信息的输电线路继电保护内部故障在线检测方法[J]. 电力系统保护与控制，2010，38(3)：6-10.

[52] 刘敬华. 基于网络的继电保护在线整定计算系统[J]. 电网技术，2008，32(增刊

1)：68-70.

[53] Apostolov A.. Disturbance recording in IEC 61850 substation automation systems [C]. Transmission and Distribution Conference and Exhibition 2005/2006 IEEE PES，21-24 May 2006，Dallas，TX，2006：921-926.

[54] 郭磊，郭创新，曹一家，等. 考虑断路器在线状态的电网风险评估方法[J]. 电力系统自动化，2012，36(16)：20-24，30.

[55] 熊小伏，何宁，于军，等. 基于小波变换的数字化变电站电子式互感器突变性故障诊断方法[J]. 电网技术，2010，34(7)：181-185.

[56] 宁辽逸，吴文传，张伯明，等. 运行风险评估中缺乏历史统计数据时的元件停运模型[J]. 中国电机工程学报，2009，29(25)：26-31.

[57] 王慧芳，杨荷娟，何奔腾，等. 输变电设备状态故障率模型改进分析[J]. 电力系统自动化，2011，35(16)：27-31，43.

[58] 戴志辉，王增平，焦彦军，等. 阶段式保护原理性失效风险的概率评估方法[J]. 电工技术学报，2012，27(6)：175-182.

[59] Yang F.，Sakis M. A. P.. Effects of protection system hidden failures on bulk power system reliability [C]. 38th North American Power Symposium，USA：NAPS，2006：517-523.

[60] Yang F.，Sakis M. A. P.，Cokkinides G. J.，et al. Bulk power system reliability assessment considering protection system hidden failures[C]. 2007 IREP Symposium on Bulk Power System Dynamics and Control-VII. Revitalizing Operational Reliability，Charleston，SC，USA，2007：1-8.

[61] Bae K.，Thorp J. S.. A stochastic study of hidden failures in power system protection[J]. Decision Support Systems，1999，24(3)：259-268.

[62] 丁茂生，王钢，贺文. 基于可靠性经济分析的继电保护最优检修间隔时间[J]. 中国电机工程学报，2007，27(25)：44-48.

[63] 张晶晶，丁明，李生虎. 人为失误对保护系统可靠性的影响[J]. 电力系统自动化，2012，36(8)：1-5.

[64] 孙福寿，汪雄海. 一种分析继电保护系统可靠性的算法[J]. 电力系统自动化，2006，30(16)：32-35，76.

[65] 王超，高鹏，徐政，等. GO法在继电保护可靠性评估中的初步应用[J]. 电力系统自动化，2007，31(24)：52-56，85.

[66] 王慧芳，王一，何奔腾，基于一次设备与保护协同检修的最佳消缺期限研究[J]. 电力系统保护与控制，2011，39(13)：46-52.

[67] 熊小伏，陈星田，夏莹，等. 面向智能电网的继电保护系统重构[J]. 电力系统自动化，2009，33(17)：33-36.

[68] 余锐，熊小伏. 数字化变电站继电保护装置失效后备措施研究[J]. 电力自动化设备，2009，29(7).

[69] 吴忆，连经斌，李晨. 智能变电站的体系结构及原理研究[J]. 华中电力，2011，03：1-5.

[70] 国家电网公司调度中心. 国调中心关于河南电网500千伏菊城智能变电站多套差动保护误动情况的通报(调继[2013]293号)[R]. 2013.

[71] 国家电网公司安质部. 国网安质部关于国网甘肃电力330千伏永登变电站全停事件的通报[R]. 国家电网公司安质部. 2014.

[72] 李强，窦晓波，吴在军，等. 数字化变电站通信网络规划与实时特性改进[J]. 电力自动化设备，2007，05：73-77.

[73] 汪鹏，杨增力，周虎兵，等. 智能化变电站与传统变电站继电保护的比较[J]. 湖北电力，2010，36(S1)：23-25.

[74] 彭雪梅. 电力系统继电保护的组成及故障[J]. 科技风，2012，25(18)：76-77.

[75] 周泽昕，王兴国，杜丁香，等. 一种基于电流差动原理的变电站后备保护[J]. 电网技术，2013，37(4)：1113-1120.

[76] 索南加乐，邓旭阳，宋国兵，等. 基于模型参数识别的母线保护原理[J]. 中国电机工程学报，2010，30(22)：92-99.

[77] 李振兴，尹项根，张哲，等. 分区域广域继电保护的系统结构与故障识别[J]. 中国电机工程学报，2011，31(28)：95-103.

[78] 余保东，张粒子，杨以涵，等. 电流互感器铁心的暂态磁化模型及误差计算[J]. 电工技术学报，1998，13(6)：26-31，13.

[79] 曹团结，张剑，尹项根，等. 电流互感器的误差分析与工程计算[J]. 电力自动化设备，2007，27(1)：53-56.

[80] 罗苏南，田朝勃，赵希才．空心线圈电流互感器性能分析[J]．中国电机工程学报，2004，24(3)：113-118.

[81] 王程远，陈幼平，张冈，等．PCB空心线圈位置误差分析与控制[J]．中国电机工程学报，2008，28(15)：103-108.

[82] 何瑞文，蔡泽祥，王奕，等．空心线圈电流互感器传变特性及其对继电保护的适应性分析[J]．电网技术，2013，37(5)：1471-1476.

[83] 张可畏，王宁，段雄英，等．用于电子式电流互感器的数字积分器[J]．中国电机工程学报，2004，24(12)：108-111.

[84] 郭郴艳，游大海．新型电子式电流互感器测量精度分析[J]．电力自动化设备，2006，26(8)：27-29.

[85] 梁国坚．基于母线差动保护的电子式与电磁式互感器同步应用[J]．电力系统自动化，2011，35(3)：97-99.

[86] 周斌，鲁国刚，黄国方，等．基于线性Lagrange插值法的变电站IED采样值接口方法[J]．电力系统自动化，2007，31(3)：86-90.

[87] 胡华波，武建文，张路明，等．电信号有效值测量综合误差分析与模型[J]．电工技术学报，2012，27(12)：172-177.

[88] Madden W. I.，Michie W. C.，Cruden A.，et al. Temperature ompensation for optical current sensors[J]. Optical Engineering，1999(38)：1699.

[89] 王鹏，张贵新，朱小梅，等．电子式电流互感器温度特性分析[J]．电工技术学报，2007，22(10)：60-64.

[90] 肖霞，叶妙元，陈金玲，等．光学电压互感器的设计和试验[J]．电网技术，2003，27(6)：45-47.

[91] 李岩松，张国庆，于文斌．自适应光学电流互感器[J]．中国电机工程学报，2003，23(11)：100-105.

[92] 罗苏南，田朝勃，赵希才．空心线圈电流互感器性能分析[J]．中国电机工程学报，2004，24(3)：108-113.

[93] 于文斌，高桦，郭志忠．光学电流传感头的可靠性试验和寿命评估问题探讨[J]．电网技术，2005，29(4)：55-59.

[94] 王鹏，张贵新，朱小梅，等．基于故障模式与后果分析及故障树法的电子式电流

互感器可靠性分析[J]. 电网技术，2006，30(23)：15-20.
[95] 张可畏，王宁，段雄英. 用于电子式电流互感器的数字积分器[J]. 中国电机工程学报，2004，24(12)：104-107.
[96] 郭郴艳，游大海. 新型电子式电流互感器测量精度分析[J]. 电力自动化设备，2006，26(8)：27-29.
[97] 熊小伏，陈星田，曾星星，等. 基于广义变化辨识可继电保护电流测量回路故障诊断方法[J]. 中国电机工程学报，2014，34 增刊：76-84.
[98] 王振岳，陈伟，鹿海成，等. 电子式与电磁式互感器的比较及在智能电网中的应用[J]. 华电技术，2012，02：50-52.
[99] 邓亮章. 矩阵的奇异值分解在最小二乘法问题上的新应用[J]. 南昌教育学院学报，2010(7)：43，45.
[100] 李天云，陈昌雷，周博，等. 奇异值分解和最小二乘支持向量机在电能质量扰动识别中的应用[J]. 中国电机工程学报，2008，28(34)：124-128.
[101] 浦奎源，颜军，阴文革. 线性代数[M]. 重庆：重庆大学出版社，2000：101-124.
[102] 熊小伏，何宁，于军，等. 基于小波变换的数字化变电站电子式互感器突变性故障诊断方法[J]. 电网技术，2010，34(7)：181-185.
[103] 周东华，孙优贤. 控制系统的故障检测与诊断技术[M]. 北京：清华大学出版社，1994：7-8.
[104] 周东华，叶银忠. 现代故障诊断与容错控制[M]. 北京：清华大学出版社，2000：24-26.
[105] Frank P. M.. Analytical and qualitative model based fault diagnosis：a survey and some new results[J]. European Control，1996，2(1)：6-28.
[106] 陈生贵. 电力系统继电保护原理[M]. 重庆：重庆大学出版社，2003：121-125.
[107] 李清泉，李彦明，牛亚民. 变电站开关操作引起的瞬变电磁场及其防护[J]. 高电压技术，2001，27(4)：65-67.
[108] 郑华珍，乐全明，郁惟镛，等. 基于小波理论的超高压电网故障时刻提取[J]. 电网技术，2005，29(19)：33-38.
[109] Chen J.，Thorp J. S.，Dobson I.. Cascading dynamics and mitigation assessment

in power system disturbances via a hidden failure model[J]. International Journal of Electrical Power and Energy Systems，2005，27(4)：318-326.

[110] 王文龙，张兆广，李友军，等. 嵌入式继电保护信息系统子站几个关键问题的研究[J]. 电力系统保护与控制，2009，37(13)：29-31.

[111] 谢开，刘永奇，朱治中，等. 面向未来的智能电网[J]. 中国电力，2008，41(6)：19-22.

[112] 余贻鑫，栾文鹏. 智能电网[J]. 电网与清洁能源，2009，25(1)：7-11.

[113] 葛耀中，赵梦华，彭鹏，等. 微机式自适应馈线保护的研究和开发[J]. 电力系统自动化，1999，23(3)：19-22.

[114] Kumar J A，Venkat A s s，Dam Borg M J. Adaptivetransmission Protection：Concepts and Computational issues. IEEE Trans on Power Delivery，1989，4(1)：177-185.

[115] 葛耀中. 自适应继电保护及其前景展望. 电力系统自动化，1997，21(9)：42-46.

[116] 欧阳兵，吕艳萍，骆德昌. 配电网网络式自适应电流保护研究. 电网技术，2003，27(7)：52-55.

[117] Sun Junping，Sheng Wanxing，Wang Sa，et al. Substation automation high speed network communication platform based on MMS＋TCP/IP＋Ethernet[C]. Power System Technology，2002，2：1296-1300.

[118] IEC 61850－7－2，communication networks and systems in substations，part 7-2，basic communication structure for substations and feederequipment：Abstract communication service interfaces[S].

[119] IEC 61850－7－4. basic communication structure for substation and feederequipment：Compatible logical node classes and data classes[S].

[120] IEC 61850－8－1，specific communication service mapping(SCSM)－Mapping to MMS[S].

[121] 殷志良，刘万顺，杨奇逊，等. 基于 IEC61850 的通用变电站事件模型[J]. 电力系统自动化，2005，29(19)：45-50.

[122] 张铭，窦赫蕾，常春藤. OPNET Modeler 与网络仿真[M]. 北京：人民邮电出版社，2007：1-10.

[123] Sidhu T. S., Yujie Y.. Modelling and simulation for performance evaluation of IEC61850－based substation communication systems [J]. IEEE Trans. on Power Delivery，2007，22(3)：1482-1489.

[124] Sidhu T. S., Yujie Y.. IED modelling for IEC61850 based substationautomation system performance simulation[C]. IEEE PowerEngineering Society General Meeting，June 18-22，Montreal，QC，Canada，2006.

[125] Billinton R，Allan R N. 电力系统可靠性评估，周家启，任震，译. 重庆：科学技术文献出版社重庆分社，1986.

[126] 熊小伏，欧阳前方，周家启，等. 继电保护系统正确切除故障的概率模型[J]. 电力系统自动化，2007，31(07)：12-15.

[127] 孙福寿，汪雄海. 一种分析继电保护系统可靠性的算法[J]. 电力系统自动化，2006，30(16)：32-35，76.

[128] YU X. B., Singh C.. Power system reliability analysis considering protection failures// Proceedings of IEEE Power Engineering Society Summer Meeting，July 21-25，2002，Chicago，IL，USA. Piscataway，NJ，USA：IEEE，2002：963-968.

[129] 骆健，丁网林，王鹃. 提高微机变压器差动保护可靠性的研究[J]. 电力系统自动化，2006，30(10)：100-104.

[130] Anderson P. M., Aggarwal S. K.. An improved model for protective system reliability. IEEE Trans. on Power Delivery，1992，41(3)：422-426.

[131] Johnson G. F.. Reliability considerations of multifunction protection. IEEE Trans. on Industry Applications，2002，38(6)：1688-1700.

[132] Haarla L，Pu Lkkinen U，Koskinen M，et al. Amethod for andyzing the reliability of a transmission grid. Reliability Engineering and System Safety，2008，93(2)：277-287.

[133] Hussain B，Wiedman T E，Back C E，et al. Transmission system protection：a reliability study. Proceedings of 14th IEEE Transmission and Distribution Conference，September 15-20，1996. Los Angeles，CA，USA. Piscataway，NJ，USA：IEEE，1996：554-559.

[134] 高翔. 继电保护状态检修应用技术[M]. 北京：中国电力出版社，2008.

[135] 熊小伏，周家启，赵霞，等. 快速后备保护研究[J]. 电力系统自动化，2003，27(11)：45-47.

[136] 常凤然. 优化后备保护配合原则的探讨. 电力系统自动化[J]，2007，31(9)：91-93.

[137] 沈晓凡，舒治淮，刘宇，等. 2007年国家电网公司继电保护装置运行情况[J]. 电网技术，2008，32(16)：5-8.

[138] Li Wenyuan，Korczynski J K. A reliability based approach to transmission maintenance planning and its application in bctc system [J]. IEEE Transactions on Power Delivery，2004，1(19)：303-308.

[139] 黄朝迎. 北京地区1997年夏季高温及其对供电系统的影响[J]. 气象，1999，(1)：20-24.

[140] Brostrom E.，Soder L.. Ice storm impact on power system reliability[C]. IWAIS XII，Yokohama，October 2007.

[141] 薛禹胜，费圣英，卜凡强. 极端外部灾害中的停电防御系统构思(二)任务与展望[J]. 电力系统自动化，2008，32(10)：1-5.

[142] 陆佳政，张红先，方针，等. 湖南电力系统冰灾监测结果及其分析[J]. 电力系统保护与控制，2009，37(12)：99-105.

[143] 宿志一. 直流绝缘子串覆冰闪络特性[R]. 北京：中国电力科学研究院，2004.

[144] 李庆峰，范峥，吴穹，等. 全国输电线路覆冰情况调研及事故分析[J]. 电网技术，2008，32(9)：33-36.

[145] 刘志芳，周凤华，刘怀玉. 气候数据在电力防灾设计中的应用探析[J]. 现代农业科技，2009(15)：278.

[146] 中华人民共和国国家发展和改革委员会. DL/T 861—2004 电力可靠性基本名词术语[S]. 北京：中国电力出版社，2004.